沈阳地区常见绿化植物
病虫害防治手册

金丽丽　魏　岩　主编

中国林业出版社

图书在版编目（CIP）数据

沈阳地区常见绿化植物病虫害防治手册 / 金丽丽，魏岩主编. —北京：中国林业出版社，2017.1

ISBN 978-7-5038-8874-8

Ⅰ.①沈…　Ⅱ.①金…②魏…　Ⅲ.①园林植物–病虫害防治–手册　Ⅳ.①S436.8–62

中国版本图书馆CIP数据核字（2016）第311183号

中国林业出版社·教育出版分社

策划、责任编辑：田　苗

电　　话：（010）83143557　　　　　　传　　真：（010）83143516

出版发行　中国林业出版社（100009　北京市西城区德内大街刘海胡同 7 号）
　　　　　　E-mail: jiaocaipublic@163.com　电话：（010）83143500
　　　　　　http://lycb.forestry.gov.cn

经　　销　新华书店
印　　刷　北京中科印刷有限公司
版　　次　2017 年 1 月第 1 版
印　　次　2017 年 1 月第 1 次印刷
开　　本　710mm×1000mm　1/16
印　　张　7.25
字　　数　113 千字
定　　价　43.00 元

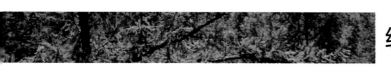

编写人员

主　　编：金丽丽　魏　岩

副主编：陈丽媛　刘丽馥　傅海英

编　　者：沈　楠　王　冲　赵晓敏　张铁利

　　　　　张伟岩　祁　琳　孔莲梅

前 言
PREFACE

　　随着经济和社会的不断发展，友好环境越发重要，园林绿化行业随之受到高度重视，园林绿化面积不断增加，园林养护的任务逐渐加大。在园林植物养护过程中，各类病虫危害频繁发生，降低了绿化的整体质量，严重制约了园林绿化美化效果。基于此，编者结合沈阳地区植物生长的特点、气候条件及病虫害的特点，编写了《沈阳地区常见绿化植物病虫害防治手册》，目的是为绿化企业技术人员普及植物病害、虫害及其发生规律、防治方法等理论知识，增强在生产实践中对重点病虫害的辨识能力与综合防治能力，推广病虫害防治的新技术，提升园林养护人员的从业水平，提高沈阳地区园林养护整体质量。

　　本书对沈阳地区常见的18类绿化植物的主要生态习性，病害的病症、发生规律及防治方法，虫害的形态特征、发生规律及防治方法进行了详细阐述，并配以相应的彩色图片，力求突出实用性和针对性。

　　本书打破以往以虫害或病害为切入点进行论述的特点，而是以园林从业人员熟悉的园林植物入手，围绕沈阳地区常见园林植物发生的主要病害及虫害的症状加以阐述，可以对植物病、虫害的症状进行检索，为园林养护人员提升水平提供便利的条件。本书也可作为沈阳地区园林类专业学生病虫害防治课程的教材。

　　由于编写时间仓促和编者水平有限，难免有不足和疏漏之处，敬请各位读者和同行给予批评和指正。

编　者
2016年10月

目 录

CONTENTS

一、松科松属（红松、油松）

红松和油松为常绿乔木，高可达30～40m，是很好的庭荫树和行道树，可孤植、对植或丛植（图1.1、图1.2）。油松是强喜光、深根性树种，寿命长。耐寒、耐干旱、耐瘠薄土壤，在酸性、中性及钙质土壤上均能生长。红松是弱喜光树种，耐寒，喜冷凉湿润气候，在土壤肥厚、排水好、pH 5.5～6.5的山坡地带生长最好。

常见病害：松落针病

常见虫害：松大蚜

图1.1　油松

图1.2　红松

1．松落针病

（1）症状

染病初期针叶上出现淡绿色小斑纹，很快变鲜黄色（图1.3），后病斑逐渐扩大变淡褐色至枯黄色（图1.4），后期针叶上出现黑色长椭圆形的黑点，全叶枯黄脱落（图1.5）。

（2）发生规律

以菌丝体在落叶上或松树枝上的病叶内越冬。主要侵染1～2年生的松针，子囊孢子在夏秋季借雨和风传播。

（3）防治方法

① 园林管理措施：合理施肥，及时浇灌，种植密度合理，及时清除田间杂草。冬季对重病株进行重度修剪，清除发病枝干上的越冬病菌。

② 化学防治：休眠期喷施3～5°Bé石硫合剂。春季向发病树冠喷100倍波尔多液，或用70%甲基托布津可湿性粉剂1000倍液，10～15d喷施1次，连续喷施3～4次。也可用硫黄杀菌烟雾剂1～1.5kg/亩*。

---

* 1亩=667m²。

图1.3　松落针病初期症状

图1.4　松落针病中期症状

图1.5　松落针病后期症状

2. 蚜虫（松大蚜）

（1）形态特征

无翅孤雌蚜黑褐色至黑色，腹部膨大，其上散生黑色颗粒状物，并被白蜡质粉，末端钝圆（图1.6）。触角6节，第3节最长。腹管短截状，黑色。有翅孤雌蚜，黑褐色，有黑色刚毛，腹部末端稍尖。翅膜质透明，前缘黑褐色。雄成虫与无翅雌蚜极为相似，仅体略小，腹部稍尖。卵长椭圆形，黑色。若蚜体态与无翅成虫相似。干母无翅的雌虫胎生出的若蚜为淡棕黄色，4～5d后变为黑褐色。

图1.6　松大蚜成虫

（2）发生规律

以卵在松针上越冬。4月下旬或5月上旬卵孵化为若虫，中旬出现无翅型成虫，全为雌性，进行孤雌胎生繁殖。若虫长成后继续胎生繁殖。到6月中旬，出现有翅胎生雌成虫，继续进行飞迁繁殖。从5月中旬到10月上旬期间，可以同时看到成虫和各龄期的若虫。10月中旬出现有翅雄成虫，与有翅雌成虫交配后产越冬卵。若虫长成后，3～4d即可繁殖后代。因此，繁殖力很强。

（3）防治方法

① 物理机械防治：冬季剪除着卵叶，集中烧毁，消灭虫源。

② 化学防治：蚜虫繁殖快，世代多，用药易产生抗性。选药时建议用复配药剂或轮换用药，可用50%啶虫脒水分散粒剂（如国光崇刻）3000倍液，10%吡虫啉可湿性粉剂（如国光毙克）1000倍液，40%啶虫·毒乳油（如国光必治）1500～2000倍液，连用2～3次。

③ 生物防治：保护和利用天敌，如异色瓢虫、食蚜蝇及蚜小蜂等。

二、柏科圆柏属（圆柏、西安桧、丹东桧、沈阳桧、砂地柏、铺地柏）

　　圆柏（又称桧柏）、西安桧、丹东桧和沈阳桧是常绿乔木，耐修剪，可作绿篱，多栽植于庙宇陵墓作墓道树，可孤植、对植或丛植（图2.1至图2.3）。喜光但耐阴性强。耐寒，耐热，耐干旱、瘠薄土壤，在酸性、中性及钙质土壤上均能生长。

　　砂地柏和铺地柏是常绿灌木，耐旱性强，忌低湿地。在园林中可配植于岩石园或草坪角隅（图2.4）。

　　常见病害：苹（海棠、梨）—桧锈病

　　常见虫害：双条杉天牛，侧柏毒蛾，柏肤小蠹

图2.1　圆柏

图2.2　沈阳桧

图2.3　西安桧

图2.4　砂地柏

3. 苹（海棠、梨）—桧锈病

（1）症状

由于是转主寄生，在两种植物上有不同的症状表现。

在苹果（海棠、梨）上的症状：春季叶片感病后，初期症状为叶片正面出现黄绿色小点，表面为橙黄色油状斑。进入6月，病斑上生出略呈轮纹的黑点（即性孢子器），病斑周围呈现黄色或紫红色的晕圈（图2.5）。后期在病斑的背面生出黄色须状物（即锈孢子器），内产生锈孢子（图2.6）。

在圆柏上的症状：嫩枝感病部位肿起呈灰褐色豆状的小瘤，初期表面光滑，遇水后膨大成胶状物（图2.7），晴天后胶状物干缩（图2.8），形成表面开裂的木瘤，其上枯死。

图2.5　锈病症状（1）

图2.6　锈病症状（2）　　　　　　　　图2.7　锈病症状（3）

（2）发生规律

病菌以菌丝在圆柏小枝的木瘤内越冬，次年3月下旬冬孢子形成。4月上旬遇雨开始产生冬孢子角（黄色胶状物）和担孢子。担孢子主要借风传播至海棠（苹果、梨）上侵染，经过潜伏期10d左右开始在叶正面产生性子器和性孢子

图2.8　锈病症状（4）

（病斑正面的黑色小点粒），7月中旬则开始在病斑的背面产生锈子腔和锈孢子（叶背的丝状物）。8～9月，锈孢子传播到圆柏上，侵入嫩梢并形成木瘤在其内越冬。

病害的发病条件：一是两种寄主在一起，担孢子传播的有效距离是5km；二是进入4月，气温在20℃以上，降水量达4mm以上，且有病原存

在；三是苹果（海棠、梨）展叶在50%~75%。以上3个条件同时存在时则此病害容易大发生。

（3）防治方法

① 园林管理措施：在园林植物配置上，不将海棠、苹果与圆柏同种在一块绿地，如绿化需求，则尽可能将两种植物分开。结合修剪，及时将病枝、病叶集中销毁；增施磷、钾肥，提高植株的抗病性。

② 物理机械防治：于4月第1次雨后（雨量达4mm以上病害能发生）及时到圆柏树上检查，发现黄色胶状物剪下并收集销毁。

③ 化学防治：如果4月第1场雨后出现的黄色胶状物多，则在雨后1~2d分别向圆柏和苹果（海棠、梨）叶片上喷15%粉锈宁可湿性粉剂1500~2000倍液。

4. 双条杉天牛

（1）形态特征

成虫体长9~15mm，体型阔扁，黑色，全身密被褐黄色短绒毛，鞘翅上有2条棕黄色或驼色横带（图2.9）。卵椭圆形，白色。幼虫末龄体长19mm左右，圆筒形，略扁，乳白色，前胸背板有1个"小"字形凹陷及4块黄褐色斑纹（图2.10）。蛹长15mm左右，淡黄色，为裸蛹。

图2.9 双条杉天牛成虫　　　　图2.10 双条杉天牛幼虫

（2）发生规律

1年发生1代，是一种弱寄生性的毁灭性害虫，以成虫在被害枝干内越冬。3月中下旬出蛰，陆续咬一个扁圆形羽化孔钻出树干（图2.11），产卵于弱树裂缝处皮下。4月下旬幼虫孵化，在皮层与木质部间蛀食危害（图2.12），5月中下旬危害严重，5月中下旬至6月中旬陆续蛀入木质部，幼虫将虫粪排于虫道内，树皮和边材上的蛀道从下向上呈不规则的"L"形（图2.13），8月下旬幼虫老熟后咬一个椭圆形蛹室化蛹，9～10月在蛀道内化蛹，羽化成虫越冬。

图2.11　双条杉天牛成虫危害状　　图2.12　双条杉天牛幼虫危害状（1）　　图2.13　双条杉天牛幼虫危害状（2）

（3）防治方法

① 园林管理措施：深挖松土，追施土肥，促进苗木速生，增强树势。伐除虫害木、衰弱木、被压木等，使林分疏密适宜，通风透光良好，树木生长旺盛，增强对虫害的抵抗力。及时砍除枯死木和风折木，保持林内卫生。

② 物理机械防治：及时处理带虫死树、死枝，消灭虫源。饵木诱杀成虫。用涂白剂刷地面以上2m的树干预防成虫产卵。在初孵幼虫危害处，用小刀刮破树皮，搜杀幼虫。也可用木槌敲击流脂处，击死初孵幼虫。

③ 化学防治：成虫出孔活动期，对植株喷洒绿色微雷胶悬剂250倍液，杀产卵成虫。幼虫活动期间用40%氧化乐果乳油、50%久效磷乳油、80%敌敌畏乳油5～10倍液由排粪孔注入，并用黄泥堵孔。用磷化铝毒签插入并堵孔。

④ 生物防治：3～5月中旬幼虫发生期释放蒲螨、管氏肿腿蜂寄生幼虫。

5. 侧柏毒蛾

（1）形态特征

成虫体灰褐色，雌蛾触角短栉齿状，灰白色，翅面有不显著的齿状波纹，近中室处有一个暗色斑点，外缘较暗，有若干黑斑（图2.14）；雄蛾触角羽毛状，近中室处的斑点较显著。卵扁圆形，初产时绿色，有光泽，渐变为黄褐色，孵化前为黑褐色。幼虫体绿灰色或赤褐色，腹面黄褐色（图2.15、图2.16）。第3、7、8、11节背面发白，亚背线从第4～11节为1条黑绿色斑纹，腹部第6、7节背面各有1个淡红色翻缩腺。蛹青绿色，羽化前呈褐色，每腹节有8个白斑，气门黑色（图2.17）。

（2）发生规律

1年发生1代。以卵在侧柏鳞叶或小枝上越冬。3月底至4月中旬越冬卵孵化，3月底至8月中旬为幼虫危害期。7月上旬至8月下旬幼虫老熟化蛹，7月下旬至9月中旬羽化为成虫，产卵越冬。

图2.14　侧柏毒蛾成虫

图2.15　侧柏毒蛾幼虫（1）

图2.16　侧柏毒蛾幼虫（2）　　　　　　图2.17　侧柏毒蛾蛹

（3）防治方法

① 物理机械防治：在成虫发生期设置黑光灯诱杀成虫，集中消灭。刮树皮，消灭潜伏在树皮下、皮缝内的幼虫或敲树振落幼虫消灭。在树叶、树皮缝处人工摘取蛹。

② 化学防治：幼虫孵化后，用90%的晶体敌百虫或80%的敌敌畏800～1000倍液杀灭幼虫。成虫羽化期用敌敌畏烟雾熏杀。

③ 生物防治：保护、利用寄生蝇、胡蜂、猎蝽、蜘蛛等天敌，进行生物防治。

6. 柏肤小蠹

（1）形态特征

成虫体长2.0～3.0mm，赤褐色或黑褐色，无光泽。前胸背板宽大于长，前缘呈圆形，体密被刻点和灰色细毛（图2.18）。鞘翅上各具9条纵纹，鞘翅斜面具凹面。雄虫鞘翅斜面有栉齿状突起。卵白色，圆球形。老熟幼虫体长2.5～3.0mm，乳白色，体弯曲（图2.19）。蛹乳白色，体长2.5～3.0mm。

图2.18　柏肤小蠹成虫

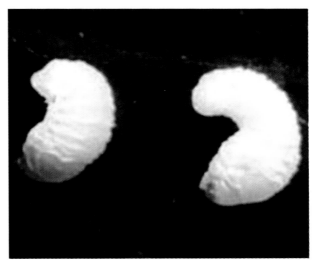
图2.19　柏肤小蠹幼虫

（2）发生规律

1年发生1代，以成虫（图2.20）在柏树枝梢内越冬。翌年3～4月越冬成虫陆续飞出，并产卵，卵期7d。4月中旬出现初孵幼虫，幼虫发育期45～60d，形成的子坑道细长而弯曲（图2.21）。5月中下旬老熟幼虫在子坑道末端咬一圆筒形蛹室化蛹，蛹期约10d。6月上旬成虫开始出现，成虫羽化后飞至健康柏树及其他寄主咬蛀新梢补充营养，至10月中旬开始越冬。

图2.20　柏肤小蠹越冬成虫

图2.21　柏肤小蠹危害状

（3）防治方法

① 园林管理措施：加强树木的养护管理，从根本上提高树木的抗虫能力。及时伐除虫害木，并进行剥皮处理，剪除被害枝梢并销毁。

② 物理机械防治：在越冬成虫活动前的一两周内，采用带枝条原木，设置饵木诱杀。

③ 化学防治：成虫羽化飞出盛期向枝干喷洒2.5%溴氰菊酯乳油3000倍液，封杀从干内飞出的成虫。

三、银杏科银杏属（银杏）

银杏为落叶大乔木，高达40m，雌雄异株（图3.1）。喜光，喜适当湿润而又排水良好的深厚砂质壤土，在酸性土（pH 4.5）、石灰质土（pH 8.0）中均可生长良好，以中性或微酸性土壤最适宜，不耐积水，较耐旱，耐寒性强，耐热。深根性树种，寿命极长，可达千年。树形优美，适宜作庭荫树、行道树或独赏树。

常见病害：银杏叶枯病

常见虫害：银杏大蚕蛾

7. 银杏叶枯病

（1）症状

叶片患病后，开始叶片先端局部组织变褐（图3.2）。不久，逐渐扩展至整个先端部位，呈现褐色、红褐色病斑（图3.3）。之后，病斑继续向叶基部延伸，呈暗褐色或灰褐色，直至叶片枯死、脱落（图3.4）。

（2）发生规律

在辽宁的4月末，越冬的菌丝在叶片

图3.1　银杏

图3.2　银杏叶枯病初期症状

图3.3　银杏叶枯病中期症状

图3.4　银杏叶枯病后期症状

的角质层下，能形成丛生、粗而短的分生孢子梗。5月下旬孢子梗伸长，不久形成新的分生孢子。6～7月间，可形成大量分生孢子，借风雨传播，故多雨季节发病严重。

（3）防治方法

①园林管理措施：选择立地条件好的地块进行育苗或栽培，避免使用土壤瘠薄、板结、低洼积水的土地。银杏不宜栽植在与水杉相邻近的地段上，更不宜与水杉混栽。在银杏幼林中，若春季以蚕豆间作，秋季以大豆间作，则有利于银杏生长，并能减轻叶枯病的发生。

②化学防治：于发病期喷洒40%多菌灵400倍液，也可取得较好的防治效果。

8. 银杏大蚕蛾

（1）形态特征

成虫体长25～60mm，翅展90～150mm，体灰褐色或紫褐色。雌蛾触角栉齿状（图3.5），雄蛾羽状（图3.6）。前翅内横线紫褐色，外横线暗褐色，两线近后缘处汇合，中间呈三角形浅色区，中室端部具月牙形透明斑。后翅从基部到外横线间具较宽红色区，亚缘线区橙黄色，缘线灰黄色，中室端处生一大眼状斑，斑内侧具白纹。后翅臀角处有一白色月牙形斑。卵椭圆形，灰褐色，一端具黑色黑斑（图3.7）。幼虫体黄绿色或青蓝色，气门线乳白色，各体节上具青白色长毛及突起的毛瘤，其上生黑褐色硬长毛（图3.8）。蛹长30～60mm，污黄色至深褐色（图3.9）。茧（图3.10）长椭圆形，黄褐色，网状。

图3.5　银杏大蚕蛾雌成虫

图3.6　银杏大蚕蛾雄成虫

图3.7　银杏大蚕蛾卵

图3.8　银杏大蚕蛾幼虫

图3.9　银杏大蚕蛾蛹

图3.10　银杏大蚕蛾茧

（2）发生规律

1年发生1代，以卵越冬。翌年5月上旬越冬卵开始孵化，5～6月进入幼虫危害盛期，常把树上叶片食光，6月中旬至7月上旬于树冠下部枝叶间结茧化蛹，8月中下旬羽化、交配和产卵。卵多产在树干距地面1～3m处及树杈处，数十粒至百余粒块产。

（3）防治方法

① 物理机械防治：6～7月结合园林管理，摘除茧蛹。冬季清除树皮缝隙的越冬卵。

② 化学防治：抓住雌蛾到树干上产卵、幼虫孵化盛期上树危害之前和幼虫3龄前3个有利时机，喷洒90％晶体敌百虫、50％敌敌畏乳油或50％马拉硫磷乳油1000倍液。

③ 生物防治：保护和利用天敌，主要有赤眼蜂、黑卵蜂、绒茧蜂、螳螂、蚂蚁等。

四、豆科槐属（槐树、龙爪槐）

　　槐树为落叶乔木，高可达25m（图4.1）。喜光，略耐阴，耐寒。喜深厚排水良好的砂质土壤，在石灰性及轻盐碱土上也能正常生长。深根性，寿命长，耐修剪。可作庭荫树及行道树。龙爪槐是槐树的变种，小树弯曲下垂，树形美观，常于庭园门旁对植或路边列植（图4.2）。

　　常见虫害：槐尺蛾，蚜虫

图4.1　槐树

图4.2　龙爪槐

9. 槐尺蛾

（1）形态特征

成虫体长12～17mm，翅展38～43mm（图4.3）。通体黄褐色，触角丝状，复眼圆形、黑褐色，前翅有明显的3条波状纹，后翅亚基线及中横线深褐色，近顶角处有一长方形褐色斑纹，中横线及外缘线呈弧形，在中室外缘线有一黑色小点。卵椭圆形，初产时浅绿色，孵化前渐变成灰褐色。幼虫（图4.4）初孵幼虫黄褐色，经4次蜕皮为老熟幼虫（图4.5），头壳生有12个对称的黑点，第1节生有12个对称的黑点，第2～3节有"一"字形12个对称的黑点。胸足内侧具有黑斑，第2节腹足、臀足各有1个黑点。初化蛹肢翅部翠绿色，渐变成黑褐色，雌蛹大于雄蛹。

（2）发生规律

1年2～3代，以蛹在土壤2～3cm深处越冬。次年5月上中旬槐树萌芽时越冬代成虫羽化。卵产在叶片、叶柄和小枝

图4.3 槐尺蛾成虫

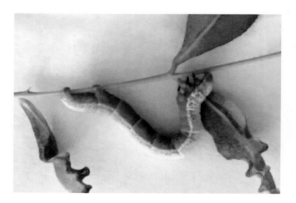

图4.4 槐尺蛾幼虫（1）

图4.5 槐尺蛾老熟幼虫

等处,以树冠南面较多。卵经6~8d
孵化幼虫,幼虫有吐丝下垂的习性,
并可借风力迁移。常在树冠顶部的枝
梢取食嫩叶边缘使其呈缺刻状,幼虫
常以臀足攀附枝干挺直躯体伪装成绿
枝状以麻痹天敌(图4.6)。

(3)防治方法

① 物理机械防治:结合肥水管
理,人工挖出虫蛹。在行道树上可结
合卫生清扫,人工捕杀落地准备化蛹
的幼虫。可摇晃树干使幼虫吐丝下垂
进行捕杀。利用黑光灯诱杀成虫。

② 化学防治:初龄幼虫期喷施
杀虫剂,如75%辛硫磷乳油、80%敌
敌畏乳油1000~1500倍液、2.5%三
氟氯氰菊酯乳油(功夫乳油)3000~
10 000倍液。

③ 生物防治:可喷洒苏云金杆菌
乳剂600倍液。

10. 蚜虫

(1)形态特征

有 翅 胎 生 雌 蚜 成 虫 体 长
1.5~1.8mm,体漆黑色,有光泽。翅
基、翅痣、翅脉均为橙黄色(图4.7)。
腹部各节背面具硬化的暗褐色条斑。
腹管黑色,圆筒形,端部稍细,有

图4.6 槐尺蛾幼虫(2)

图4.7 槐蚜虫危害状

覆瓦状花纹。尾片乳突黑色上翘，两侧各生3根刚毛。无翅胎生雌蚜成虫体长1.8～2.0mm，体较肥胖，黑色至紫黑色，具光泽。卵长椭圆形，初浅黄色，后变为草绿色至黑色。若蚜黄褐色，体上具薄蜡粉，腹管黑色、细长，尾片黑色、很短。

（2）发生规律

1年发生20余代，以卵或若蚜在杂草中越冬，翌年3月卵孵化危害，4～5月出现翅蚜，迁移到附近的刺槐、槐树等植物上危害，5月底至6月下旬是蚜虫危害盛期。春末夏初气候温暖，雨量适中利于该虫发生和繁殖。10月有翅蚜迁飞到冬寄主上危害并越冬。

（3）防治方法

① 物理机械防治：可放置黄色黏胶板，诱黏有翅蚜虫。还可采用银白锡纸反光，拒栖迁飞的蚜虫。可在早春刮除老树皮及剪除受害枝条，消灭越冬卵。

② 化学防治：喷施10%吡虫啉可湿性粉剂2000倍液或3%啶虫脒乳油2000~2500倍液。

③ 生物防治：保护和利用天敌如七星瓢虫、日光蜂等。春季发生不严重时，尽量不打药剂，可喷清水冲刷虫体，以保护日后天敌的繁殖。

五、木犀科白蜡树属、女贞属
（水曲柳、花曲柳、美国白蜡、水蜡）

水蜡为落叶灌木（图5.1）。性较耐寒，枝叶密生，耐修剪，是良好的绿篱植物。

水曲柳、花曲柳和美国白蜡为落叶乔木（图5.2、图5.3）。喜光、喜肥，耐寒，稍耐盐碱。生长较快，抗风力强。材质好，抗水湿。在园林中常作庭荫树及行道树。

常见虫害：白蜡蚧，白蜡窄吉丁，美国白蛾

图5.1　水蜡

图5.2　水曲柳

图5.3　美国白蜡

11. 白蜡蚧

（1）形态特征

雌成虫无翅，体长 1.5mm，产卵期可长到 15mm，受精前背部隆起，受精后虫体膨胀成半球形，外壳较坚硬，红褐色，触角6节，其中第3节最长。雄成虫体长 2mm，翅展5mm，头淡褐色（图5.4），触角丝状10

图5.4　白蜡蚧雌成虫

节，腹部灰褐色，末端有等长的白蜡丝2根。卵多呈长椭圆形，长约0.4mm，宽0.25mm；雌卵红褐色，雄卵淡黄色。若虫卵形，体长平均0.70mm，宽0.41mm。

（2）发生规律

1年发生1代，以受精的雌成虫在枝条上越冬，3月中下旬雌成虫恢复取食，雌成虫蚧壳膨大变软（图5.5），在4月上旬至5月上旬开始产卵，6月上旬至7月上旬卵孵化。雄若虫有群集危害习性，固着在寄主枝条上危害，并分泌大量白色蜡质（图5.6）。

图5.5　白蜡蚧危害状（1）

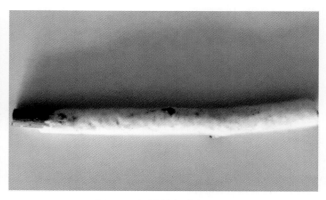

图5.6　白蜡蚧危害状（2）

（3）防治方法

①园林管理措施：合理修剪，剪除过密枝条和虫枝，通风透光，减少虫口密度。

②物理机械防治：将蚧虫栖息密度高的枝条剪除以降低越冬的虫口密度。

③化学防治：初冬或早春树木休眠期枝干喷洒3～5°Bé石硫合剂，灭杀越冬若虫；初孵若虫期喷3%高渗苯氧威乳油3000倍液、10%吡虫啉可湿性粉剂2000倍液防治。

④生物防治：注意保护和利用蜡蚧长角象、蚜小蜂、异色瓢虫、黑缘红瓢虫等天敌。

12. 白蜡窄吉丁

（1）形态特征

成虫体长8.5～13mm，蓝绿色，具金属光泽（图5.7）。头横阔，头顶有纵皱，复眼肾形，褐色，鞘翅狭长，密被点刻和灰绿色短毛，翅端圆形，边缘具小齿突。卵椭圆形，底部扁平，中央微凸，向边缘有放射状褶皱。幼虫乳白色，体扁平，前胸背板横阔，点状突起区中央呈倒"Y"字形（图5.7）。裸蛹，乳白色，羽化前为深铜绿色。触角向后伸至翅基，腹末数节略向腹面弯曲。

图5.7　白蜡窄吉丁成虫和幼虫

（2）发生规律

辽宁1年发生1代，多以老熟幼虫在树干木质部表层内越冬（图5.8），少数在皮层内越冬，4月上中旬开始活动，并

图5.8　白蜡窄吉丁越冬幼虫

取食危害，4月下旬开始化蛹，5月中旬为化蛹盛期。成虫于5月中旬开始羽化，6月下旬为羽化盛期，羽化孔为"D"半圆形（图5.9），卵出现于6月中旬至7月中旬。幼虫于6月下旬开始孵化后，陆续蛀入韧皮部及边材上危害（图5.10），10月中旬进入越冬状态。

图5.9　白蜡窄吉丁成虫羽化孔　　　　　图5.10　白蜡窄吉丁危害状

（3）防治方法

① 园林管理措施：栽植混交林，加强营林措施，增加土壤肥力。伐除并烧毁受害严重的树木，减少虫源。

② 化学防治：成虫期喷施10%吡虫啉1000倍液毒杀成虫，羽化盛期，用板刷将稀释后的药剂在树干上均匀涂抹，涂药后用40cm宽的塑料薄膜从下往上绕树干密封，15d后拆除塑料薄膜。成虫羽化期喷洒植物性杀虫剂1.2%烟参碱乳油1000倍液，连续2～3次。幼虫孵化期用40%氧化乐果50倍液涂刷枝干，毒杀幼虫和卵。

③ 生物防治：保护和利用吉丁毛茧蜂等天敌昆虫和益鸟（如啄木鸟）。

13. 美国白蛾

（1）形态特征

　　成虫为白色中型蛾子，雌蛾触角锯齿状，翅纯白色（图5.11）；雄蛾触角双栉齿状，前翅翅面多散生黑点，也有的个体无斑（图5.12）。卵近球形，直径0.5mm，初产时绿色或黄绿色，有光泽，后变成灰绿色，近孵化时灰褐色，顶部黑褐色（图5.13）。卵块大小为2~3cm，表面覆盖雌蛾脱落的毛和鳞片，呈白色。老熟幼虫体长28~35mm，体色为黄绿至灰黑色，背部两侧线之间有一条灰褐色至灰黑色宽纵带，体侧面和腹面灰黄色，背部毛瘤黑色，体侧毛疣上着生白色长毛丛，混杂有少量的黑毛，有的个体生有暗红色毛丛（图5.14）。蛹暗红褐色，椭圆形。茧灰白色，薄、松、丝质，混以幼虫体毛。

图5.11　美国白蛾雌虫

图5.12　美国白蛾雄虫

图5.13　美国白蛾雌虫产卵

图5.14　美国白蛾老熟幼虫

（2）发生规律

该虫在我国1年发生2代，以蛹在树干皮缝及墙缝、树干孔洞及枯枝落叶层中结薄茧越冬。翌年5月上旬越冬蛹羽化成虫，第1代幼虫期在6月至7月上旬，7月上旬开始化蛹，7月下旬成虫羽化。第2代幼虫于8月上旬孵化，9月中旬化蛹。成虫具有趋光性。6月上旬、8月上旬两代幼虫危害多种植物的叶片，7月、9月为危害盛期，初孵幼虫至4龄前吐丝结成网幕（图5.15），营群集生活，初孵幼虫只取食叶肉，残留叶脉（图5.16），形成孔洞。进入5龄后分散取食。

图5.15　美国白蛾危害状（1）

图5.16　美国白蛾危害状（2）

（3）防治方法

① 病虫害检疫：加强植物检疫，并做好虫情监测，一旦发现检疫害虫，应尽快查清发生范围，并进行封锁和除治。

② 物理机械防治：幼虫在4龄前群集于网幕中，危害状比较明显，应抓住这一时机发动人工摘除网幕，消灭幼虫。5龄后，在离地面1m处的树干上围草

诱集幼虫化蛹，再集中烧毁。于成虫羽化期设置灯光诱杀。还可用性引诱剂诱杀成虫。

③ 化学防治：喷洒25%灭幼脲Ⅲ号悬浮剂2000～3000倍液，10%烟碱乳油600～800倍液。

④ 生物防治：可用苏云金杆菌和灯蛾型多角体病毒防治幼虫。还可释放周氏啮小蜂防治美国白蛾。同时要保护和利用灯蛾绒茧蜂、小花蝽、草蛉、胡蜂、蜘蛛、鸟类等天敌。

六、苦木科臭椿属（臭椿）

落叶乔木，高可达20～30m（图6.1）。喜光，耐寒，耐干旱、瘠薄及盐碱地，不耐水湿，抗污染能力强，深根性，生长快。树姿雄伟，春季嫩叶红色。是优良的庭荫树、行道树及工矿区绿化树种。

常见虫害：臭椿沟眶象，木橑尺蛾

图6.1　臭椿

14. 臭椿沟眶象

（1）形态特征

成虫体长10～12mm，体宽4～5mm，黑褐色，有光泽（图6.2、图6.3）。头部布有小刻点，前胸背板及鞘翅上密布粗大刻点。前胸几乎全部、鞘翅肩部及其端部1/4处密布白色鳞片，仅掺杂少数红褐色鳞片，鳞片叶状，其余部分则散生白色小点。卵黄白色，长椭圆形。幼虫头部黄褐色，背板褐色2块，无足，每节背面两侧多皱纹（图6.4）。离蛹，初化蛹体乳白色，渐变成黄色，羽化前为黑褐色。

（2）发生规律

1年发生1代，以幼虫和成虫在树干内和土中越冬。以幼虫越冬的，次年5月间化蛹，6～7月成虫羽化外出活动，以成虫越冬的活动较早。成虫有假死性，产卵前取食嫩梢、叶片、叶柄等补充营养，造成折枝、伤叶，损坏皮层。初孵幼虫先危害皮层，导致被害处薄的树皮下面形成一小块凹陷，稍大后钻入木质部内危害（图6.5），老熟后先在树干上咬1个圆形羽化孔（图6.6），树干或枝上出现灰白色的流胶和排出虫粪木屑。

图6.2　臭椿沟眶象成虫（1）

图6.3　臭椿沟眶象成虫（2）

图6.4　臭椿沟眶象幼虫

图6.5　臭椿沟眶象危害状（1）

图6.6　臭椿沟眶象危害状（2）

（3）防治方法

①园林管理措施：及时清除枯死枝、干。剪除被害枝条，拔除并烧毁带幼虫的枝条。

②物理机械防治：利用成虫的假死性，人工振落扑捉成虫。

③化学防治：成虫期喷2.5%溴氰菊酯乳油2000～2500倍液、50%辛硫磷乳油1000倍液。喷灭幼脲悬浮剂超低量喷雾防治成虫，使成虫不育，卵不孵化。幼虫期向树体内注射40%氧化乐果乳油10倍液，可杀死幼虫。

15. 木檬尺蛾

（1）形态特征

成虫体长18～22mm，翅展54～72mm，翅底色为白色，上有灰色和橙色斑点，前翅基部有1个较大的橙黄色圆斑，前后翅外缘线由1串橙色和深褐色圆斑组成，中室各有一大块灰色斑（图6.7）。卵长1mm左右，扁圆形，翠绿色，孵化前变为黑色，卵块上覆有1层棕黄色绒毛。初孵幼虫黑褐色，体长1.5～2mm，老熟幼虫体长65～85mm，体色常随寄主植物颜色的变化而变化，一般为黄绿、黄褐及黑色，头部密布粗颗粒，体上散生颗粒状突起，头顶两侧呈圆锥状突起，头与前胸在腹面连接处具1块黑斑（图6.8）。蛹长30mm左右，纺锤形，黑褐色，体密布刻点，蛹体前端背面两侧各具1个耳状突起。

图6.7　木檬尺蛾成虫

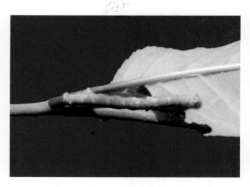

图6.8　木檬尺蛾幼虫

（2）**发生规律**

1年1代，以蛹在土壤及石缝隙中越冬。成虫具有趋光性，卵产于叶背、树干、主枝粗皮裂缝或石块上，其上覆盖雌虫腹末体毛。7月下旬至8月上旬为幼虫危害盛期，初孵幼虫有群居性，一般先在叶尖取食叶肉，将叶啃成网状，2龄后逐渐咬食叶片成缺刻或孔洞，幼虫受惊扰即吐丝下垂，借风力转移危害，4～6龄食量增大，可暴发成灾。9月中下旬幼虫老熟入土化蛹越冬。

（3）**防治方法**

① 物理机械防治：尺蛾类成虫多具有趋光性，用黑光灯诱杀成虫是行之有效的方法。

② 化学防治：于低龄幼虫期，采用90％敌百虫晶体1500倍液、50％辛硫磷乳油2000倍液或2.5％溴氰菊酯4000倍液进行常量喷雾均有良好效果。

③ 生物防治：用苏云金杆菌制剂及青虫菌进行地面喷洒，效果均好。应注意保护和利用天敌，如寄生蝇、胡蜂、卵寄生蜂、土蜂、姬蜂等为尺蛾的天敌昆虫。

七、胡桃科枫杨属（枫杨）

落叶乔木，高达30m（图7.1）。喜光，适应能力强，耐寒、耐低湿；深根性，侧根发达，生长较快，萌蘖性强。常作行道树及固堤护岸树种。

常见虫害：桑天牛，褐边绿刺蛾，银杏大蚕蛾（同前）

图7.1　枫杨

16. 桑天牛

（1）形态特征

成虫体长26～51mm，宽8～16mm，黑褐色至黑色，密被青棕色或棕黄色绒毛（图7.2）。鞘翅基部密布黑色光亮的颗粒状突起，占全翅长的1/4～1/3。

图7.2　桑天牛成虫

卵长椭圆形，长6～7mm，初乳白后变淡褐色（图7.3）。幼虫体长60～80mm，圆筒形，乳白色（图7.4）。腹部13节，无足，第1节较大略呈方形，背板上密生黄褐色刚毛，后半部密生赤褐色颗粒状小点并有"小"字形凹纹。蛹长30～50mm，纺锤形，初淡黄后变黄褐色。

900～1000倍液。此外还可选用50%辛硫磷乳油1400倍液或10%天王星乳油5000倍液。

③ 生物防治：用每1g含孢子100亿的白僵菌粉0.5～1kg，在雨湿条件下防治1～2龄幼虫。秋冬季摘虫茧，放入纱笼，保护和引放天敌，如寄生蜂、紫姬蜂、寄生蝇。

八、紫葳科梓树属（梓树、黄金树）

梓树和黄金树为落叶乔木，梓树高达15～20m（图8.1），黄金树高达25～30m（图8.2）。梓树喜光，稍耐阴，喜肥沃湿润耐排水良好的土壤。抗污染能力强，根系较浅，生长较快。可作行道树及庭荫树，也常作工矿区及农村四旁绿化树种。黄金树喜光，喜湿润凉爽气候及深厚肥沃疏松土壤，较耐寒，不耐贫瘠和积水。可作行道树及庭荫树。

常见虫害：楸螟，霜天蛾

图8.1 梓树

图8.2 黄金树

18. 楸螟

（1）形态特征

成虫体长14～16mm，翅展35～37mm（图8.3）。头部褐色，胸腹部灰褐色微带白色，翅白色，前翅基部有2条黑褐色锯齿状横纹，中室下方有1

 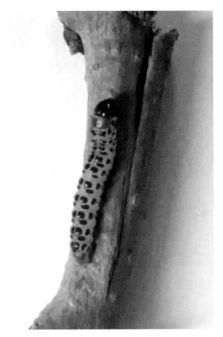

图8.3　楸蝤成虫　　　　　　　　　图8.4　楸蝤幼虫

块不规则黑褐色大斑，近外缘处有深棕红色波状纹2条。卵扁椭圆形，微红色，长约1mm。老熟幼虫体长15～20mm，灰白色略带红色，前胸背板黑褐色，各节有灰色毛斑，其上生有细毛（图8.4）。蛹体长15～18mm，纺锤形，褐色。

（2）发生规律

1年1～2代，以幼虫在1～2年生枝条或幼苗茎内越冬（图8.5）。翌年4月开始危害并化蛹。5月上旬出现成虫，成虫有趋光性，夜晚产卵，卵散产于枝条尖端叶芽或叶柄间，5月中旬幼虫孵化，初孵幼虫从嫩梢叶柄处钻入枝条内蛀食髓部，并从排粪孔排出黄白色虫粪和木屑，受害枝条萎蔫，随后干枯（图8.6），梢尖变黑，弯曲下垂。6月上旬幼虫老熟，在枝条内化蛹。6月中下旬第1代成虫羽化，7月为第2代幼虫危害期，一直到11月老熟幼虫在枝条内越冬。

图8.5　楸螟越冬幼虫

图8.6　楸螟危害状

（3）防治方法

① 物理机械防治：及时剪除虫株、虫果、受害枝梢，集中烧毁，消灭虫源。成虫羽化期用黑光灯诱杀。

② 化学防治：幼虫期往树梢上喷40％氧化乐果乳油、50％杀螟松乳油1000倍液或2.5％溴氰菊酯乳油10 000倍液。5～6月间幼虫初危害期往受害处涂1∶10的80％敌敌畏，杀初蛀入茎内的幼虫。

③ 生物防治：保护和利用天敌，招引益鸟、施放赤眼蜂等。

19. 霜天蛾

（1）形态特征

成虫头灰褐色，体长45～50mm，翅暗灰色，混杂霜状白粉（图8.7）。卵球形，初产时绿色，渐变黄色。幼虫绿色，体长75～96mm，背有横排列的白色颗粒8～9排。腹部黄绿色，体侧有白色斜带7条（图8.8）。尾角褐绿色，上面有紫褐色颗粒，长12～13mm。蛹红褐色，体长50～60mm。

图8.7　霜天蛾成虫

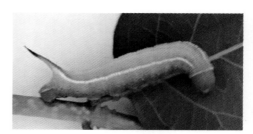

图8.8　霜天蛾幼虫

（2）**发生规律**

辽宁1年发生2代，以蛹在土中越冬。5月开始羽化，7～10月有2次明显峰期。成虫夜晚活动，产卵于叶背。卵期10d。幼虫孵出后，多在清晨取食，白天潜伏在阴处，先啃食叶表皮，随后蚕食叶片，咬成大的缺刻和孔洞，甚至将全叶吃光，以6～7月间危害严重，地面和叶片可见大量虫粪。10月后，老熟幼虫入土化蛹越冬。

（3）**防治方法**

① 物理机械防治：冬季翻土，杀死越冬虫蛹。杀虫灯诱杀成虫。根据地面和叶片的虫粪、碎片，人工捕杀幼虫。

② 化学防治：可施用25%灭幼脲2000～2500倍液，50%辛硫磷2500倍液，80%敌敌畏乳油800～1000倍液，2.5%溴氰菊酯2000～3000倍液等药物防治。

③ 生物防治：保护螳螂、胡蜂、茧蜂、益鸟等天敌。

九、木犀科丁香属（暴马丁香、紫丁香、什锦丁香、小叶丁香）

　　暴马丁香为落叶小乔木，高达8m（图9.1）。喜光，也能耐阴，耐寒、耐旱、耐瘠薄。树姿美观，花香浓郁，为著名的观赏花木之一。常丛植或列植。

　　紫丁香、什锦丁香、小叶丁香为落叶灌木（图9.2至图9.4）。紫丁香高达4～5m，喜光，稍耐阴，耐寒、耐旱，忌低湿。什锦丁香高达3m，是欧洲丁香与波斯丁香杂交育成，喜光，耐寒，不耐热。小叶丁香高达1.5～2m，一年中春秋开两次花，喜光，耐半阴，适应性较强，耐寒、耐旱、耐瘠薄，忌酸性土，忌积涝、湿热。它们是绿化中常用的花灌木。

　　常见虫害：芳香木蠹蛾，黄刺蛾，美国白蛾（同前），白蜡蚧（同前）

图9.1　暴马丁香

图9.2　紫丁香

图9.3　什锦丁香

图9.4　小叶丁香

20. 芳香木蠹蛾

（1）形态特征

　　成虫体长24～40mm，翅展80mm，体灰褐色，触角单栉齿状，头、前胸淡黄色，中后胸、翅、腹部灰褐色，前翅翅面布满呈龟裂状黑色横纹（图9.5）。卵近圆形，初产时白色，孵化前暗褐色，卵壳表面有数条纵行隆脊。幼虫扁圆筒形，初孵幼虫粉红色，大龄幼虫体背紫红色，侧面黄红色，头部黑色，有光泽，前胸背板淡黄色，有两块黑斑，体粗壮（图9.6、图9.7）。老熟幼虫入土结茧，茧外粘有土粒，初化蛹由浅黄色渐变成黑褐色（图9.8）。

图9.5　芳香木蠹蛾成虫

图9.6　芳香木蠹蛾幼虫

图9.7 芳香木蠹蛾老熟幼虫

图9.8 芳香木蠹蛾蛹

（2）发生规律

2～3年1代，以幼龄幼虫在树干内及末龄幼虫在附近土壤内结茧越冬。成虫出现在5～7月，产卵于树皮缝或伤口内，每处产卵十几粒。幼虫孵化后，蛀入皮下取食韧皮部和形成层，以后蛀入木质部（图9.9），向上向下穿凿不规则虫道，被害处可有十几条幼虫，蛀孔堆有虫粪，幼虫受惊后能分泌一种特异香味。

图9.9 芳香木蠹蛾危害状

（3）防治方法

① 园林管理措施：及时发现和清理被害枝干、新梢，消灭虫源。

② 物理机械防治：树干涂白防止成虫在树干上产卵。

③ 化学防治：用50%的敌敌畏乳油100倍液刷涂虫疤，杀死内部幼虫。成虫发生期结合其他害虫的防治，喷50%的辛硫磷乳油1500倍液，消灭成虫。

④ 生物防治：保护益鸟，如啄木鸟等。

21. 黄刺蛾

（1）形态特征

　　成虫头和胸黄色，腹背黄褐色，前翅内半部黄色，外半部为褐色，有2条暗褐色斜线在翅尖上汇合于一点呈倒"V"字形，里面的1条深至中室下角，为黄色与褐色的分界线，后翅灰黄色（图9.10、图9.11）。卵扁平，椭圆形，淡黄色。老熟幼虫体长11～25mm，头小，黄褐色，胸、腹部肥大，黄绿色，体背上有1块紫褐色"哑铃"形大斑（图9.12、图9.13）。体两侧下方还有9对刺突，刺突上生有毒毛。腹足退化，但具吸盘。蛹椭圆形，黄褐色。茧灰白色，质地坚硬，表面光滑，茧壳上有几道褐色长短不一的纵纹，形似雀蛋（图9.14）。茧均结在茎干分叉点或小枝杈上。

图9.10　黄刺蛾成虫（1）

图9.11　黄刺蛾成虫（2）

图9.12　黄刺蛾幼虫

图9.13　黄刺蛾老熟幼虫

（2）发生规律

辽宁1年发生1代，以老熟幼虫在小枝分叉处、主侧枝以及树干的粗皮上结茧越冬。次年4～5月间化蛹，5～6月出现成虫。成虫羽化多在傍晚，产卵多在叶背。卵期7～10d。初孵幼虫取食卵壳，而后取食叶的下表皮及叶肉组织，留下上表皮，形成圆形透明小斑（图9.15）。虫口密度高时，危害小斑即可结成块，进入4龄时取食叶片呈孔洞状，5龄后可取食老全叶，仅留主脉和叶柄，幼虫有7龄。7月老熟幼虫吐丝和分泌黏液作茧化蛹。

图9.14　黄刺蛾蛹

图9.15　黄刺蛾危害状

（3）防治方法

① 园林管理措施：刺蛾以茧越冬历时很长，可结合抚育、修枝、松土等园林技术措施，铲除越冬虫茧。

② 物理机械防治：利用成虫的趋光性，设置黑光灯诱杀成虫。人工摘除虫叶，消灭幼虫。

③ 化学防治：幼虫期喷施50％马拉硫磷乳油或50％杀螟松乳油1000～2000倍液、90％敌百虫乳油或25％亚胺硫磷1500～2000倍液、菊酯类农药5000～6000倍液，均取得较好防治效果。

④ 生物防治：用孢子含量1×10^{11}个/g以上的青虫菌可湿性粉剂，加水500～1000倍液，对幼虫有较好的防治效果。保护和利用天敌，如上海青蜂、赤眼蜂、刺蛾紫姬蜂等。

十、壳斗科栎属（蒙古栎、辽东栎）

落叶乔木。蒙古栎高达30m，喜光，耐寒性强，耐干旱瘠薄，生长速度中等偏慢（图10.1）。辽东栎高达15m，喜光，耐寒，抗旱性特强，萌芽性强（图10.2）。均为园林绿化树种。

常见虫害：栗山天牛，舞毒蛾，黄褐天幕毛虫，芳香木蠹蛾（同前），黄刺蛾（同前）

图10.1　蒙古栎

图10.2　辽东栎

22. 栗山天牛

（1）形态特征

成虫灰褐色披棕黄色短毛。头部向前倾斜，下颚顶端节末端钝圆，复眼小，眼面较粗大（图10.3）。头顶中央有一条深纵沟。前胸两侧较圆有皱纹，无侧刺突，背

图10.3　栗山天牛成虫

图10.4 栗山天牛卵 图10.5 栗山天牛蛹

面有许多不规则的横皱纹，鞘翅周缘有细黑边。卵长椭圆形，淡黄色，卵端部具疣状突起（图10.4）。幼虫乳白色，疏生细毛，头部较小，往前胸缩入，淡黄褐色。裸蛹，纺锤形，淡黄白色（图10.5）。

（2）发生规律

在我国3年1代，跨4个年头。栗山天牛以幼虫在树干蛀道内越冬（图10.6）。成虫于7月上旬开始羽化，7月下旬为羽化盛期，至8月中下旬还有成虫活动。成虫羽化后，体翅较柔软，一般在蛹室内静伏5～7d，待体翅变硬后，咬一扁长椭圆形羽化孔钻出。成虫有群集习性，一般上午7：00多聚集在树干1m以下，干基50cm处较多。晴天上午10：00后开始上树活动，尤其16：00～18：00为活动高峰，多在树冠或树干上爬行。

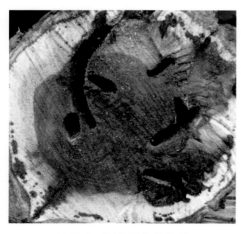

图10.6 栗山天牛危害状

（3）防治方法

① 园林管理措施：选择抗性树种，增强树势，伐除有严重虫源的树木，合理修剪，及时清除园内枯立木、风折木。修补树洞，干基涂白等措施减少虫口密度。

② 物理机械防治：灯光诱杀，人工捕捉，钩杀幼虫。

③ 化学防治：幼虫危害期，塞入磷化铝片剂或磷化锌毒签，并用黏

泥堵死其他排粪孔，或用注射器注射80%敌敌畏。成虫期羽化前喷2.5%溴氰菊酯乳油3000倍液。

④ 生物防治：用于栗山天牛生物防治的主要有哈氏肿腿蜂和花绒寄甲。

图10.7　舞毒蛾雌虫

23. 舞毒蛾

（1）形态特征

成虫雌、雄异形。雌蛾体污白色（图10.7）。触角黑色双栉齿状。前翅有4条黑褐色锯齿状横线，中室端部横脉上有"＜"形黑纹（开口向翅外缘），内方有一黑点。后翅斑纹不明显。腹部粗大，末端具黄棕色或暗棕色毛丛。雄蛾体瘦小，茶褐色（图10.8），触角羽毛状。前翅翅面上具有与雌蛾相同的斑纹。卵块状，卵块上覆有很厚的黄褐色绒毛（图10.9）。老熟幼虫头黄褐色，具"八"字形黑纹，胴部背线两侧的毛瘤前5对为黑色，后6对为红色，毛瘤上生有一棕黑色短毛（图10.10至图10.12）。蛹暗褐色或黑色，胸背及腹部有不明显的毛瘤，着生稀而短的褐色毛丛（图10.13）。无茧，仅有几根丝缚其蛹体与基物相连。

图10.8　舞毒蛾雄虫

图10.9　舞毒蛾卵块

图10.10　舞毒蛾幼虫（1）

图10.11　舞毒蛾幼虫（2）

图10.12　舞毒蛾幼虫（3）

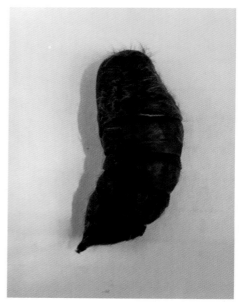

图10.13　舞毒蛾蛹

（2）发生规律

　　1年1代，以完成胚胎发育的幼虫在卵内越冬。卵块在树皮上、梯田堰缝、石缝中等处。次年4～5月树发芽时开始孵化。1～2龄幼虫昼夜在树上群集叶背，白天静伏，夜间取食，吃光树叶（图10.14）。幼虫有吐丝下垂，借风传播习性。3龄后白天藏在树皮缝或树干基部石块杂草下，夜间上树取食。6月上中旬幼虫老熟后大多爬至白天隐藏的场所化蛹。成虫于6月中旬至7月上旬羽化，

图10.14　舞毒蛾危害状

盛期在6月下旬。雄虫有白天飞舞的习性（故得名）。舞毒蛾繁殖的有利条件是干燥而温暖的疏林。

（3）防治方法

① 物理机械防治：刮除舞毒蛾卵块，搜杀越冬幼虫等。可绑毒绳等阻止幼虫上、下树，毒杀幼虫。毒蛾成虫多具趋光性，可因地制宜地设置灯光诱杀。幼虫越冬前，可在干基堆草诱杀幼虫。

② 化学防治：幼虫期可采用50%杀螟松乳油、90%敌百虫晶体1000倍液、2.5%的溴氰菊酯乳油4000倍液、25%灭幼脲悬浮液2500～5000倍液进行喷杀，均会取得很好防治效果。

③ 生物防治：毒蛾的天敌很多，如桑毛虫绒茧蜂、黑卵蜂、姬蜂、肿腿蜂等，应注意保护利用。另外，毒蛾类幼虫容易被核型多角体病毒所感染，在幼虫发生期喷洒病毒液或将被病毒感染的虫尸磨碎稀释后喷洒。

24. 黄褐天幕毛虫

（1）形态特征

雄成虫体长13～15mm，体色浅褐色（图10.15）；雌成虫体长15～18mm，体色深褐色（图10.16）。雄成虫前翅中央有2条平行的褐色横线。后翅淡褐色，斑纹不明显。卵圆形，灰白色，顶部中央凹陷，卵块产于枝

图10.15　黄褐天幕毛虫雄虫

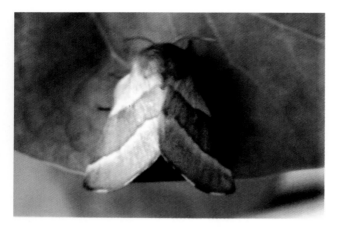

图10.16　黄褐天幕毛虫雌虫

图10.17　黄褐天幕毛虫卵块

图10.18　黄褐天幕毛虫幼虫

图10.19　黄褐天幕毛虫茧

条上呈"顶针"状（图10.17）。幼虫头部灰蓝色，胴部背面中央有一明显白带，两边是橙黄色横线，气门黑色，体背各节具黑色长毛（图10.18）。胴部第11节上有1个暗色突疣，老熟幼虫体长50～60mm。初化蛹羽翅绿色，腹部红褐色，后逐渐变成深褐色。蛹体外被白色丝质双层茧（图10.19），茧层间有黄色粉状物。

（2）发生规律

天幕毛虫1年发生1代，以幼虫在卵壳中越冬。次年4月下旬梨、桃树开花时幼虫从卵壳中钻出，先在卵环附近危害嫩叶，并在小枝交叉处吐丝结网张幕而群聚网幕上危害（图10.20）。幼虫白天潜居网幕上，夜间出来取食危害。将网幕附近的叶片食尽后，再转移他处另张网拉幕。近老熟时分散活动，虫龄越大食量也越大，易暴食成灾。6月上中旬老熟幼虫寻找密集叶丛结茧化蛹。蛹经10～13d羽化成虫。雌虫交尾后寻找适宜的当年生小枝产卵，卵粒环绕枝干排成"顶针"状。

图10.20　黄褐天幕毛虫网幕

（3）防治方法

① 园林管理措施：可结合修剪、肥水管理等消灭越冬虫源。

② 物理机械防治：人工摘除卵块或孵化后尚群集的初龄幼虫及蛹茧。灯光诱杀成虫。幼虫越冬前，干基绑草绳诱杀。

③ 化学防治：发生严重时，可喷洒2.5%溴氰菊酯乳油4000～6000倍液、50%敌敌畏乳油2000倍液、50%磷胺乳剂2000倍液、25%灭幼脲Ⅲ号1000倍液喷雾防治。

④ 生物防治：用白僵菌、青虫菌、松毛虫杆菌等微生物制剂使幼虫致病死亡。保护、招引益鸟。

十一、槭树科槭树属（五角枫、茶条槭、鸡爪槭、金叶复叶槭）

　　五角枫高可达20m，稍耐阴，深根性，喜湿润肥沃土壤，在酸性、中性、石灰岩上均可生长（图11.1）。树形优美，秋季叶色变红，可作行道树和庭荫树。鸡爪槭为落叶小乔木，弱阳性树种，耐半阴，喜温暖湿润气候及肥沃、湿润而排水良好的土壤，耐寒性强，酸性、中性及石灰质土均能适应（图11.2），秋季叶色变红，是优良的绿化树种。金叶复叶槭是落叶乔木，最高达20m。喜光，喜干冷气候，暖湿地区生长不良，耐寒、耐旱、耐轻度盐碱、耐烟尘，可作行道树或庭荫树（图11.3）。茶条槭为落叶灌木或小乔木，高5～6m（图11.4）。喜光，耐寒，喜湿润土壤，抗病力强，适应性强。秋叶红艳，是良好的庭院观赏树种，孤植、列植、群植均可，也可植为绿篱。

　　常见病害：槭树漆斑病

　　常见虫害：光肩星天牛，美国白蛾（同前），天幕毛虫（同前）

图11.1　五角枫

图11.2　鸡爪槭

图11.3 金叶复叶槭

图11.4 茶条槭

25. 槭树漆斑病

（1）症状

初发病时叶上产生点状褪绿斑，边缘紫红色，中央褐色，扩展后病斑呈圆形或近圆形至梭形大斑，后期病叶上现隆起漆斑，漆斑彼此隔开或融合，形状不规则，有的呈黑色膏药状（图11.5）。

（2）发生规律

病菌以菌丝和子座内的分生孢子在病残体上越冬，春季开始形成子囊盘和子囊孢子，借雨水或水滴溅射传播进行初侵染，8月中下旬病叶上现漆斑，产生子座，出现无性态。初始越冬的菌源和雨季到来的迟早常是该病发生的重要条件。

（3）防治方法

① 园林管理措施：秋季结合修剪注意剪除枯枝病叶。

② 化学防治：发病初期喷25%粉锈宁可湿性粉剂1500倍液。

图11.5 槭树漆斑病症状

26. 光肩星天牛

（1）形态特征

　　成虫体长20～35mm，宽7～12mm，体漆黑，有光泽，头比前胸略小，中央有一纵沟，触角鞭状（图11.6）。前胸两侧各有一较尖锐的刺状突起，每鞘翅各有20个左右的白色绒毛斑，鞘翅基部光滑，无颗粒状突起。卵长椭圆形，两端稍弯曲，初为乳白色，近孵化时呈黄褐色，长5.5～7mm。初孵化幼虫为乳白色，取食后呈淡红色，老熟后体长约50mm，淡黄褐色，前胸发达，前缘为黑褐色，背板黄白色，后半部有"凸"字形硬化的黄褐色斑纹（图11.7）。离蛹，乳白色，体长30～37mm，胸腹背面中央有一条压迹（图11.8）。

图11.6　光肩星天牛成虫

图11.7　光肩星天牛幼虫

（2）发生规律

　　1年发生1代，少数2年1代，以幼虫在树干内越冬。6月上旬初见成虫，从树的根际开始直至树梢直径4mm处均有刻槽分布。主要集中在树干枝杈和萌生枝条的地方。成虫飞翔不强，趋光性弱。卵经半个月左右孵化，初孵幼虫先啃食腐坏的韧皮部（图11.9），并将褐色粪便及蛀屑从产卵孔排出，3龄末或4龄

图11.8　光肩星天牛蛹　　　　　　图11.9　光肩星天牛危害状

幼虫开始蛀入木质部，从产卵孔排出白色木屑粪便，隧道形状不规则，呈"S"或"V"形，长62～116mm，末端常有通气孔。2年1代的幼虫于10月越冬，次年4月恢复活动，5月上旬开始做蛹室。

（3）防治方法

①园林管理措施：选育抗虫品种，及时剪除受害枝梢以减少虫源。

②物理机械防治：寻找产卵刻槽，用锤击卵。发现有新鲜木屑和虫粪排出的孔洞，用铁丝或其他利器钩杀幼虫。灯光诱杀成虫。

③化学防治：用80%敌敌畏乳油、磷化铝可塑性丸剂（每孔0.1g）堵虫孔，外用黄泥封口，熏杀幼虫。在树干基部注射20%吡虫啉（康福多）、40%氧乐果乳油原液防治幼虫。用石硫合剂涂于枝干上，可预防天牛产卵。

④生物防治：林间挂鸟巢招引益鸟，同时要积极开展如花绒金龟、肿腿蜂的应用。

十二、蔷薇科（观赏海棠、紫叶稠李、山楂、山桃、山杏、紫叶李、多季玫瑰、日本绣线菊、麦李）

观赏海棠为落叶小乔木，喜光，也耐半阴，抗旱、抗寒，是城市绿化、美化的观赏花木。紫叶稠李是落叶小乔木，高达7m，耐寒性强，均是良好的庭园观赏树种（图12.1、图12.2）。山楂为落叶小乔木，高达8m，喜光，耐寒，喜冷凉干燥气候及排水良好土壤，可作庭园绿化及观赏树种（图12.3）。山桃是落叶小乔木，高达10m，喜光，耐寒，耐旱，较耐盐碱，忌水湿，是早春观花树种（图12.4）。山杏是落叶小乔木，高4～5m，喜光，耐寒性强，耐干旱瘠薄，常用作砧木（图12.5）。紫叶李是落叶小乔木，高达4m，抗寒性强，耐干旱，生长慢，耐修剪，可作观叶观花树种（图12.6）。多季玫瑰是落叶灌木，喜光，不耐阴，耐寒，耐旱，不耐积水，在肥沃排水良好的中性或微酸性土上生长良好，在庭园中宜作花篱及花境，也可丛植（图12.7）。麦李是落叶灌木，高1.5～2m，喜光，适应性强，耐寒，是良好的花灌木（图12.8）。日本绣线菊是落叶灌木，喜光，耐寒，是良好的地被植物（图12.9）。

常见病害：流胶病，苹—桧锈病（同前）

常见虫害：苹掌舟蛾，梨叶斑蛾，绣线菊蚜，海棠透翅蛾，杨扇舟蛾，桃红颈天牛，木橑尺蛾（同前），芳香木蠹蛾（同前），美国白蛾（同前），黄刺蛾（同前），黄褐天幕毛虫（同前），舞毒蛾（同前）

图12.1　观赏海棠

图12.2　紫叶稠李

图12.3　山楂

图12.4　山桃

图12.5　山杏

图12.6　紫叶李

图12.7　多季玫瑰

图12.8　麦李

图12.9　日本绣线菊

27. 流胶病

（1）症状

　　发病初期，病部稍肿胀（图12.10），呈暗褐色，表面湿润，后病部凹陷裂开，溢出淡黄色半透明的柔软胶块，最后变成琥珀状硬质胶块（图12.11），表面光滑发亮。树木生长衰弱，发生严重时可引起部分枝条干枯。

图12.10　流胶病症状（1）

图12.11　流胶病症状（2）

（2）发生规律

该病可由多种原因引起，大致可分为生理性流胶，如冻害、日灼，机械损伤造成的伤口，虫害造成的伤口等；还有侵染性流胶，细菌、真菌都可引起流胶，但致病菌尚不清楚。

（3）防治方法

① 园林管理措施：加强管理，科学施肥浇水，改善土壤理化性质，提高土壤肥力，增强树体抵抗能力。合理修剪，减少枝干伤口。加强管理冬季注意防寒、防冻，夏季注意防日灼。

② 物理机械防治：用刀片刮除枝干上的胶状物，然后涂抹伤口。涂抹的药剂有抗菌剂402、石硫合剂、退菌特等。冬季可涂白，预防冻害和日灼，尽量避免机械损伤。

③ 化学防治：早春萌动前喷石硫合剂，每10d喷1次，连喷2次，以杀死越冬病菌。发病期喷50%百菌清或多菌灵800～1000倍液。

28. 苹掌舟蛾

（1）形态特征

成虫黄白色，长约25mm，翅展约56mm；前翅基部有银灰和紫褐色各半的椭圆形斑，近外缘处有与翅基部色彩相同的斑6个，翅顶角有灰褐色斑2个

（图12.12）。卵圆球形，初产时淡绿色，近孵化时变为灰色，成虫产卵排列整齐。幼虫长约50mm，幼体枣红色，体侧有黄线（图12.13、图12.14）；大龄幼虫体黑色，老熟时着生黄白色软长毛（图12.15）。蛹长20～26mm，始蛹期羽翅部位深绿色，渐变成红褐色；末节前有似鸡冠状物，上有7个点刻，臀棘2束，每束4～6枚，扇形排列。

图12.12　苹掌舟蛾成虫

图12.13　苹掌舟蛾幼虫（1）

图12.14　苹掌舟蛾幼虫（2）

图12.15　苹掌舟蛾老熟幼虫

（2）发生规律

1年发生1代，以蛹在根部附近约7cm深的土中越冬。次年7月成虫羽化。卵产于叶背面，呈块状，卵期约7d。幼虫共5龄，有假死和吐丝下垂习性，停栖时头尾向上翘起呈小舟形。成虫昼伏夜出，趋光性较强。

（3）防治方法

① 物理机械防治：幼虫阶段有群集性，在扩散前剪下枝叶或振动消灭，在根际周围掘土灭蛹。用昆虫趋性诱杀器诱杀成虫。

② 化学防治：幼虫孵化期喷25%灭幼脲800～1000倍液、2.5%溴氰菊酯乳油4000倍液。

③ 生物防治：幼虫发生期喷Bt乳剂500倍液，释放天敌如赤眼蜂等。傍晚或阴天喷洒白僵菌100倍液防治幼虫。

29. 梨叶斑蛾（梨星毛虫）

（1）形态特征

成虫黑色，长9～13mm，翅半透明，翅脉明显，上生有短毛，翅缘为深黑色（图12.16）。卵扁平椭圆形，初产白色，后紫褐色，数百粒成块。老熟幼虫淡黄色，纺锤形（图12.17）。各节背面有黑斑1对，每一体节有6个星状毛丛。蛹黄白色，蛹外被有2层丝茧（图12.18）。

图12.16　梨叶斑蛾成虫

图12.17　梨叶斑蛾幼虫

（2）发生规律

1年发生1代，以2～3龄幼虫在树皮缝里结茧越冬。次年3月下旬越冬幼虫开始活动，4月中下旬幼虫把叶片缀合成"饺子状"躲于其中啃食叶肉（图12.19），6月上中旬化蛹，成虫产卵于叶背，7月上旬幼虫孵化，在叶背取食，稍大即分散卷叶危害（图12.20），7月下旬以幼虫越冬。

图12.18　梨叶斑蛾蛹

图12.19　梨叶斑蛾危害状（1）

图12.20　梨叶斑蛾危害状（2）

（3）防治方法

① 物理机械防治：成虫期于早晨摇动枝干将其振落捕杀成虫。秋冬季轻刮翘皮、裂缝，消灭越冬幼虫。虫量不多时可人工摘除虫苞叶。

② 化学防治：幼虫期喷洒1.2%烟参碱1000倍液、20%除虫脲6000～8000倍液或Bt乳剂500倍液。

30. 绣线菊蚜

（1）形态特征

无翅孤雌蚜黄色或黄绿色，腹管圆筒形，黑色，尾片长圆锥形，有长毛9～13根。有翅孤雌蚜头、胸部黑色，腹部黄绿色，腹管、尾片黑色（图12.21、图12.22）。卵椭圆形，初淡黄色至黄褐色，后漆黑色，有光泽。若蚜形似无翅胎生雌蚜，鲜黄色。

图12.21　绣线菊蚜危害状（1）

图12.22　绣线菊蚜危害状（2）

（2）发生规律

1年发生多代，以卵在寄主植物枝条缝隙及芽苞附近越冬。次年3～4月越冬卵孵化，4～5月间在绣线菊嫩梢上大量发生，后逐渐转移到海棠等其他木本植物上危害。10月上中旬发生无翅雌蚜和有翅雄蚜，11月上中旬产卵越冬。

（3）防治方法

① 物理机械防治：冬季或早春寄主植物发芽前剪除有卵枝条。蚜虫初发期药剂涂干。

② 化学防治：春季越冬卵刚孵化和秋季蚜虫产卵前各喷施1次10%吡虫啉2000～3000倍液防治。或喷施石硫合剂等矿物性杀虫剂，杀死越冬卵。

③ 生物防治：保护和利用天敌，如草蛉、食蚜蝇、蚜茧蜂等。

31. 海棠透翅蛾

（1）形态特征

雌成虫体长12～14mm，翅展19～26mm，体黑色并有蓝色光泽，头后缘环生黄白色鳞毛，复眼紫褐色，胸部两侧各有黄斑，翅脉黑色，翅脉间透明，腹部第2节和第4节后缘各有一黄色环纹（图12.23）。雌蛾尾部有2丛黄白色毛丛，雄蛾尾部有扇状丝毛丛。卵黄褐色，扁椭圆形，有六角形白色刻纹。

老熟幼虫体长12～20mm，头褐色，腹部乳白色，因体背常有褐色黏液而呈污白色，各节体背疏生细毛，腹足趾钩单序双横节，臀足趾钩单横带。茧丝质，内白外褐，长15～20mm。蛹长约15mm，黄褐色，羽化前黑褐色，可见背部黄纹，腹部第3～7节背面各一横排刺，腹末环列8根臀棘。

图12.23　海棠透翅蛾成虫

（2）发生规律

在辽宁每年发生1代，以3～4龄幼虫在寄主树干皮层下的虫道内越冬。次年4月下旬天气转暖，越冬幼虫开始活动，继续蛀食危害，5月下旬、6月上旬幼虫老熟预蛹，幼虫预蛹前，先在被害部蛀一椭圆形蛹室，同时蛀一通往外部的羽化孔，但不咬通表皮，然后吐丝结一长椭圆形茧。蛹期13～15d。6月为成虫羽化期，成虫可全天羽化，并将蛹壳带出1/3，露出羽化孔外。成虫白天活动，交尾后2～3d产卵。通常喜欢在苹果树、山楂树的皮缝、机械损伤等处产卵。6月下旬幼虫孵化直接蛀入形成层，在此完成幼虫危害期，老熟幼虫危害处有新鲜粪便排出。当年幼虫危害到10月结茧越冬。

（3）防治方法

① 物理机械防治：结合修剪，剪除虫枝消灭其中的幼虫。成虫羽化期，在树干上静息或爬行，可人工扑杀。

② 化学防治：在幼虫危害期，用打孔机在树干基部打孔深1～1.5cm，每株打4～6孔。用注药器或注射器每孔注入40%乐果乳油1∶1药液，距注药孔3m内幼虫均可毒杀。

32. 杨扇舟蛾

（1）形态特征

雌成虫体长15～20mm，翅展38～42mm；雄成虫体长13～17mm，翅展23～37mm，体灰褐色，前翅有4条灰白色波状横纹，顶角处有1块褐色扇形大斑，斑下有一黑色圆点，后翅灰白色（图12.24）。卵馒头形，长0.9mm左右，初产时橙红色，孵化前灰黑色（图12.25）。老熟幼虫体长32～40mm，头黑褐色，体具白色细毛，背面淡黄绿色，体各节着生环形排列的橙红色瘤8个，腹部第1节和第8节背面中央具有较大的枣红色肉瘤，腹背两侧有灰褐色宽带（图12.26）。蛹体长13～18mm，红褐色，具光泽，腹末具1根臀棘（图12.27）。

图12.24　杨扇舟蛾成虫

图12.25　杨扇舟蛾卵

图12.26　杨扇舟蛾幼虫

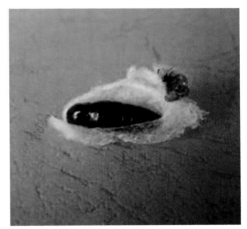

图12.27　杨扇舟蛾蛹

（2）发生规律

东北地区1年3代。各地均以蛹结薄茧在土中、树皮缝和落叶卷苞内越冬。次年3～4月间成虫羽化，成虫具有趋光性。未展叶前产卵于小枝上，展叶后产于叶背，卵单层排列呈块状。初孵幼虫有群居性，2龄以上吐丝缀叶成苞，幼虫在其内躲藏，夜间出苞取食，幼虫共5龄，非越冬代在卷叶内吐丝结薄茧化蛹。有世代重叠现象。

（3）防治方法

① 物理机械防治：结合松土人工挖除虫蛹。根据成虫的趋光性，设置黑光灯等诱杀。

② 化学防治：幼虫发生初期可喷10 000倍20%灭幼脲Ⅰ号。幼虫稍大，90%敌百虫晶体1000倍液，或20%杀菊乳油2000倍液，或50%辛硫磷乳油1500～2000倍液。

③ 生物防治：利用自然天敌，如黑卵蜂、舟蛾赤眼蜂、小茧蜂等。

33. 桃红颈天牛

（1）形态特征

成虫体长28～37mm，体黑色发亮，前胸棕红色或黑色，密布横皱，两侧各有刺突1个，背面有瘤突4个，鞘翅表面光滑（图12.28）。卵圆形，白色，长6～7mm。老熟体长42～52mm，乳白色，长条形。前胸最宽，背板前半部横列黄褐斑4块，体侧密生黄细毛，黄褐斑块略呈三角形，各节有横皱纹（图12.29）。蛹，裸蛹，长约35mm，乳白色，后黄褐色。

图12.28　桃红颈天牛成虫

图12.29　桃红颈天牛幼虫

（2）发生规律

2～3年发生1代，以幼龄和老龄幼虫在树干内越冬。我国由南往北，5～8月出现成虫，成虫遇惊扰飞逃或坠落草中，多于午间在枝干上多次交尾（图12.30），产卵于树皮裂缝中，以主干为多，产卵期约1周，产卵后成虫几天就死亡。除成虫和卵暴露在树体外，其他虫态（主要是幼虫）在树干内隐蔽生活2～3年，幼虫在树干内的蛀道极深，而且多分布在地上50cm范

围的主干内，干基密积虫粪木屑（图12.31），桃树枝干流胶，很快导致树木
死亡。

（3）**防治方法**（同光肩星天牛）

图12.30　桃红颈天牛交尾

图12.31　桃红颈天牛危害状

十三、榆科榆属（金叶榆、垂枝榆）

金叶榆和垂枝榆均为落叶乔木，高达20～25m，喜光，适应性强，耐寒、耐旱、耐盐碱，不耐低湿，根系发达，抗风力强，耐修剪，抗有毒气体（图13.1、图13.2）。宜作行道树、庭荫树、防护林及四旁绿化，金叶榆可作绿篱。垂枝榆是以榆树为砧木嫁接繁殖。

常见虫害：榆紫叶甲，榆绿毛萤叶甲，榆跳象，秋四脉棉蚜，光肩星天牛（同前）

图13.1　金叶榆

图13.2　垂枝榆

34. 榆紫叶甲

（1）形态特征

成虫体长10～11mm，近椭圆形，背面呈弧形隆起，腹面平，头及足深紫色，有蓝绿色光泽，触角细长，棕褐色，前胸背板及鞘翅紫红色与金绿色相间，有很强的金属光泽，鞘翅后端略宽，其上密被刻点，基部有压痕（图13.3）。卵长椭圆形，约2mm，淡茶褐色（图13.4）。老熟幼虫体长10mm

左右，黄白色，头部褐色，头顶有4个黑点，前胸背板也有2个黑点，背中线淡灰色，其下方有1条淡黄色纵带，周身密被颗粒状黑色毛瘤（图13.5）。离蛹，体长9.5mm，乳黄色，体略扁近椭圆形。羽化前体色逐渐变深，背面显灰黑色。

图13.3　榆紫叶甲成虫

（2）发生规律

1年发生1代，以成虫在浅土层中越冬。次年4月中下旬成虫开始出土，沿树干爬上树冠取食新芽，4月下旬至5月上旬交尾产卵，卵初产于在小枝上，交错排列成2行，展叶后成块产于叶片上。5月幼虫孵化，共4龄；6月上中旬老熟幼虫入土化蛹；6月下旬新成虫出土危害；7月上旬至8月当气温达30℃时，成虫有越夏习性，气温下降又继续上树危害；10月以后成虫下树入土越冬。成虫不善飞行，寿命长，可达262～780d，并有迁移危害习性。

图13.4　榆紫叶甲卵

图13.5　榆紫叶甲幼虫

（3）防治方法

① 物理机械防治：搜集越冬成虫杀死。人工振落，收集成虫。于早春叶甲出蛰上树及8月成虫解除夏眠上树之前，用绑毒绳的方法阻杀成虫。

② 化学防治：卵期用50%辛硫磷乳油1000～1500倍液喷雾；幼虫、成虫期喷90%敌百虫800～1000倍液、20%菊杀乳油2000倍液或2.5%敌杀死乳油4000～6000倍液均有良好防治效果。

③ 生物防治：保护和利用天敌，如跳小蜂、寄生蝇及食虫鸟等。

35.榆绿毛萤叶甲

（1）形态特征

　　成虫体长约8mm，长椭圆形，黄褐色，鞘翅绿色，具金属光泽，全体密被细柔毛（图13.6）。头小，具钝三角形黑斑1个，前胸背板中央有凹陷，上具倒葫芦形黑斑1个，两侧各有卵形黑纹1个，两鞘翅上各具明显隆起线2条。卵梨形，顶端尖细，长约1mm，黄色（图13.7）。幼虫老龄体长约11mm，长条形，微扁，深黄色（图13.8）；中、后胸及第1～8腹节背面黑色，每节可分为前后两小节，中、后胸节背面各有毛瘤4个，第1～8腹节前小节各有毛瘤4个，后小节各有毛瘤6个，两侧各有毛瘤3个；前胸背板中央有近四方形黑斑1个。蛹椭圆形，长约7mm，暗黄色。

图13.6　榆绿毛萤叶甲成虫

图13.7　榆绿毛萤叶甲卵

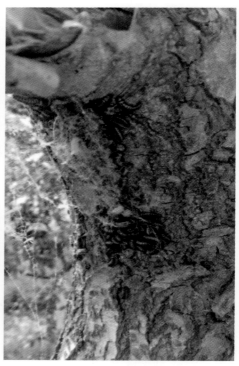

图13.8　榆绿毛萤叶甲幼虫

（2）发生规律

辽宁1年发生2代，以成虫在建筑物缝隙及枯枝落叶下越冬。5月成虫开始活动、交尾和产卵，卵期5～7d；幼虫3期，初龄幼虫剥食叶肉，残留表皮，被害叶网眼状，后渐取食枝梢嫩叶中部，2龄后将叶食成孔洞。第1代幼虫在榆树干、枝及裂缝等处群集一起化蛹，第2代幼虫下树化蛹。成虫羽化后即可取食，多在叶背面剥食叶肉，残留叶表，表皮脱落成穿孔。产卵于叶背面成块状，每卵块1～38粒。成虫寿命较长，可越冬2次。

（3）防治方法（同榆紫叶甲）

36. 榆跳象

（1）形态特征

成虫体黄褐色，长3～3.5mm（图13.9）。全身密被倒伏刚毛，头黑色，眼大。喙长，向下折，触角着生于喙基1/3处。喙、小盾片、中胸及后胸腹板、腹部第1～2节腹板均黑褐色。触角、前胸和鞘翅黄色。鞘翅肩部突出，背面中间前后各有1条褐色横带。前、中足短小，后腿节特别粗壮，腹面有若干个刺。卵长约0.7mm，米黄色，长椭圆形。老熟幼虫体长3～4mm（图13.10）。头部黄褐色，身上皱褶，乳白色。初化蛹体为乳白色，渐变黄色，羽化前为黑褐色；喙、触角、翅芽和足为分离状。

图13.9　榆跳象成虫

图13.10　榆跳象幼虫

图13.11   榆跳象危害状

（2）发生规律

在辽宁1年发生1代，以成虫在树干基部的落叶层下、土石块下及1~2cm深的表土层内越冬。次年4月下旬活动，出蛰1周后即可交尾产卵。卵于5月上旬孵化，5月下旬为孵化盛期。幼虫5月下旬至6月上旬危害，6月中旬开始化蛹（图13.11）。蛹期9~11d，成虫6月下旬出现。成虫羽化后即在叶的背面取食，9月下旬开始下树越冬。

（3）防治方法

① 物理机械防治：搜集越冬成虫杀死。人工振落，收集成虫。于早春叶甲出蛰上树及8月成虫解除夏眠上树之前，用绑毒绳的方法阻杀成虫。

② 化学防治：卵期用50%辛硫磷乳油1000~1500倍液喷雾；幼虫、成虫期喷90%敌百虫800~1000倍液、20%菊杀乳油2000倍液或2.5%敌杀死乳油4000~6000倍液均有良好防治效果。

③ 生物防治：保护和利用天敌，如跳小蜂、寄生蝇及食虫鸟等。

37. 秋四脉棉蚜

（1）形态特征

无翅孤雌蚜体长2.0~2.5mm，椭圆形，体杏黄色、灰绿色或紫色，体背呈放射状的蜡质绵毛，触角4节，腹管退化。有翅孤雌蚜体长2.5~3.0mm。头胸部黑色，腹部灰绿色至灰褐色，触角4节，没有腹管。卵长椭圆形，长1mm，初黄色后变黑色，有光泽，一端具一微小突起。

（2）发生规律

1年发生9～10代，以卵在榆树树皮缝内越冬。4月下旬榆树发芽时越冬卵孵化，爬到嫩叶背面刺吸危害。被害部位初期为微小红斑（图13.12、图13.13），之后向上凸起，形成虫瘿。5～6月虫瘿裂开，有翅蚜从裂口中爬出，迁飞到禾本科植物和杂草根部危害；9月下旬至10月上旬迁飞回榆树上危害，10月末产生无翅雌蚜和雄蚜，交尾并产卵越冬。

图13.12　秋四脉棉蚜危害状（1）　　　　图13.13　秋四脉棉蚜危害状（2）

（3）防治方法

① 园林管理措施：清除榆树周围禾本科杂草，切断中间寄主，及时修剪徒长枝、过密枝，加强通风。

② 物理防治：苗圃地幼苗期初发生时可以人工剪出虫瘿。

③ 化学防治：早春干母产卵之前，晚秋或榆树落叶后喷10%吡虫啉可湿性粉剂2000倍液，可杀死虫体，减少虫口密度。

④ 生物防治：异色瓢虫成虫捕食若蚜。

十四、杨柳科（杨、柳）

落叶乔木，生长迅速，适应性强，繁殖容易，广泛用作行道树、防护林及速生用材树种（图14.1、图14.2）。

常见病害：杨柳烂皮病，煤污病

常见虫害：杨干象，柳毒蛾，白杨透翅蛾，柳蛎盾蚧，四点象天牛，光肩星天牛（同前），芳香木蠹蛾（同前）

图14.1　新疆杨

图14.2　柳

38. 杨柳烂皮病

（1）症状

病菌侵染的是植物的韧皮部（图14.3、图14.4），从而使植物营养运输受阻，轻则导致植物生长不良，重则导致植物"残枝断臂"，甚至整株死亡。主要发生在幼树的主干上和老树的小枝上，发病初期病斑暗灰色，水渍状，但病害扩展迅速，很快环绕枝条一周（过程不易被发现），其上部分枯死。同样在枯死的病枝上产生黑色小点粒、橘黄色细丝（图14.5、图14.6）。

图14.3　柳树烂皮病症状（1）

图14.4　杨树烂皮病症状（1）

图14.5　柳树烂皮病症状（2）

图14.6　杨树烂皮病症状（2）

（2）发生规律

病菌以子实体（子囊壳、分生孢子器）、菌丝在病株的感病部位越冬。孢子通过雨水飞溅传播并从伤口侵入。孢子萌发后并不发展，潜伏侵染于树皮表面坏死组织内，当树体或局部组织衰弱时，潜伏病菌则进入致病状态，产生有毒物质，杀死病菌周围的细胞，继而向纵深发展，使植物表现出皮层组织腐烂。20℃左右有利于病菌在寄主组织内扩展。

（3）防治方法

① 园林管理措施：及时清除病株或病死的枝条，适地适树或选育抗病树种；减少侵染来源，修剪、树干涂白减少冻害并保护树体不受病菌侵染，如于春秋两季可用含硫的涂白剂涂干，早春涂白不能晚于3月。

② 物理机械防治：对于大树和珍贵树种需要进行治疗保护，发现病斑要及时刮除病斑并消毒，可用杀菌剂和泥或用腐殖酸土来糊盖病斑。

③ 化学防治：发病期间用50%代森铵、多菌灵200倍液，50%甲基托布津200液进行防治。

39. 煤污病

（1）症状

煤污病又称煤烟病，在花木上发生普遍。其症状是在叶面、枝梢上形成黑色小霉斑，后扩大连片，使整个叶面、嫩梢上布满黑霉层（图14.7）。黑色霉层或黑色煤粉层是该病的重要特征。

图14.7　煤污病症状

（2）发生规律

煤污病病菌以菌丝体、分生孢子、子囊孢子在病部及病落叶上越冬，次年孢子由风雨、昆虫等传播。寄生到蚜虫、介壳虫等昆虫的分泌物及排泄物上，或植物自身分泌物上，或寄生在寄主上发育。

（3）防治方法

① 园林管理措施：植株种植不要过密，适当修剪，要通风透光良好，降低湿度，切忌环境湿闷。

② 化学防治：植物休眠期喷3～5°Bé的石硫合剂，消灭越冬病源。适期喷用40%氧化乐果1000倍液或80%敌敌畏1500倍液。还可用10～20倍松脂合剂、石油乳剂等。也可喷用50%代森铵500～800倍，灭菌丹400倍液。

40. 杨干象

（1）形态特征

成虫长椭圆形，黑褐色至棕褐色，全身被灰褐色鳞片，其间散生白色鳞片，形成不规则横带（图14.8、图14.9）。前胸背板两侧和鞘翅后端1/3处及腿节白色鳞片较密，并混生有直立的黑色毛簇。喙弯曲，复眼黑色，触角9节，呈膝状。前胸背板宽大于长，中见有1条细隆线，鞘翅后端1/3处向后倾斜，形成一个三角形斜面，雌成虫臀板末端尖形，雄成虫臀板末端圆形。卵椭圆形，乳白色，渐变成乳黄色。幼虫乳白色，渐变成乳黄色，弯曲（图14.10）。疏生黄色短毛，头黄褐色。前胸具一对黄色硬背板。足退化，在足痕处生有数根黄毛，胴部弯曲，略呈马蹄状。蛹乳白色，渐变成黑褐色，离蛹，腹部背面散生许多小刺，前胸

图14.8 杨干象成虫（1）

图14.9 杨干象成虫（2）

背板上有数个突出的小刺，腹部末端有1对向内弯曲的褐色小钩。

（2）发生规律

多1年1代，以卵及初孵幼虫越冬。次年4月中旬越冬幼虫开始活动，越冬卵也相继孵化为幼虫。幼虫先在韧皮部与木质部之间蛀道危害（图14.11），于5月上旬钻入木质部危害化蛹。成虫发生于6月中旬到7月中旬，羽化期约1个月，成虫盛期为7月中旬。成虫出现后，爬到嫩叶片上取食补充营养，成虫假死性较强，多半在早晨交尾和产卵。将卵产于2年生以上幼树或枝条的叶痕裂皮缝的木栓层中。幼虫蛀道初期，在坑道末端的表皮上咬一针刺状小孔，由孔中排出红褐色丝状排泄物。常由孔口渗出树液，坑道处的表皮应颜色变深，呈油浸状，微凹陷（图14.12）。随着树木的生长，坑道处的表皮形成刀砍状一圈一圈的裂口，促使树木大量失水而干枯，并且非常容易造成风折。幼虫在5月下旬于近坑道末端向上钻入木质部，蛀成直径3～6mm、长35～76mm的圆形羽化孔道，在孔道末端筑成直径4～6.5mm、长10～18mm的椭圆形蛹室。蛹室两端用丝状木屑封闭，整个羽化孔道充满幼虫咀

图14.10　杨干象幼虫

图14.11　杨干象危害状（1）

图14.12　杨干象危害状（2）

嚼剩下的碎屑。幼虫化蛹时头部向下，蛹期6～12d。成虫大都在早晚或夜间羽化。羽化后，一般经过10～15d爬出羽化孔，在原幼虫坑道处留下一个圆孔。

（3）防治方法

① 加强植物检疫工作：属国内检疫对象，应做好产地、调运检疫工作。

② 园林管理措施：剪掉并烧毁被害枝条。

③ 化学防治：于4月下旬至5月中旬用40%氧化乐果乳剂10倍液或白僵菌点涂幼虫排粪孔和蛀食的隧道，毒杀幼虫；在幼虫危害期，用打孔机在树干基部打孔深1～1.5cm，每株打4～6孔，用注药器或注射器每孔注入40%乐果乳油1：1药液，距注药孔3m以内幼虫均可毒杀；于6月下旬至7月中旬每隔10d喷1次2.5%敌杀死4000倍液毒杀成虫。

41. 柳毒蛾

（1）形态特征

成虫体长15～23mm，翅展35～55cm，体、翅白色，具绢丝光泽，触角主干、足胫节和节具黑白色相间环纹（图14.13）。卵圆形，浅灰色，卵块表面覆盖灰白色泡沫状胶质物。老熟幼虫体长35～45mm，体黑褐色，头黄褐色，体节背面具疣状突起，胸和腹部每节突起各6和4个（图14.14）；背线褐色，亚背线黑色，第1、2、6、7腹节上有黑色横带，翻缩腺浅红棕色。蛹长18～22mm，黑褐色，被棕毛，末端有小钩2簇。

图14.13　柳毒蛾成虫

图14.14　柳毒蛾幼虫

（2）发生规律

1年发生1代，以幼虫在树干裂缝、树洞和枯枝落叶层中越冬，次年5月恢复取食，6月化蛹，7月初出现成虫。成虫产卵成块，卵产于树干或叶背面，每卵块有卵200余粒。卵约经10d孵化，夜间取食，日间潜伏于干基部或树洞、裂缝内。成虫有趋光性。

（3）防治方法

① 物理机械防治：灯光诱杀成虫，可采用昆虫趋性器诱杀。

② 化学防治：在树干上绑缚毒绳，毒杀上、下树幼虫，毒绳可用敌杀死10倍液浸渍而成。幼虫期还可喷洒Bt乳剂500倍液。

42. 白杨透翅蛾

（1）形态特征

成虫体长11～21mm，翅展23～39mm，外形似胡蜂，青黑色，腹部5条黄色横带（图14.15）。头顶1束黄毛簇，雌蛾触角栉齿不明显，端部光秃，雄蛾触角具青黑色栉齿2列。褐黑色前翅窄长，中室与后缘略透明，后翅全部透明。卵椭圆形，黑色，表面微凹，上有灰白色多角形不规则刻纹。老熟幼虫体长30～33mm，初龄幼虫淡红色，老熟黄白色（图14.16）。蛹体长12～23mm，纺锤形，褐色。腹末具臀棘。

图14.15　白杨透翅蛾成虫

图14.16　白杨透翅蛾幼虫

（2）发生规律

辽宁1年发生1代，以3~4龄幼虫在寄主内越冬。次年4月中下旬树液开始流动时危害，取食寄主的髓心，虫瘿瘤状（图14.17）。先在韧皮部与木质部之间绕枝干蛀食，5月上中旬幼虫老熟在树干内部向树的上部蛀化蛹室。化蛹前老熟幼虫用丝及木屑封堵两层封闭网。6月上中旬成虫羽化，将蛹壳的2/3带出羽化孔，遗留下的蛹壳长时间不掉（图14.18），极易识别。

图14.17　白杨透翅蛾危害状　　　　图14.18　白杨透翅蛾羽化孔

（3）防治方法

①物理机械防治：白杨透翅蛾成虫羽化集中，并在树干上静止或爬行，可人工捕杀在早春3月，结合修剪铲除虫疤，烧毁虫疤周围的翘皮、老皮以消灭幼虫。对行道树或四旁绿化树木，可在幼虫化蛹前，用细铁丝由侵入孔或羽化孔插入幼虫坑道内，直接杀死幼虫。

②化学防治：成虫羽化盛期，喷洒40%氧化乐果1000倍液，或2.5%溴氰菊酯4000倍液，以毒杀成虫，兼杀初孵幼虫。幼虫越冬前及越冬后刚出蛰时，用40%氧化乐果和煤油以1：30倍液，或与柴油以1：20倍液涂刷虫斑或全面涂刷树干，幼虫侵害期如发现枝干上有新虫粪，立即用上述混合药液涂刷，或用50%杀螟松乳油与柴油液以1：5倍液滴入虫孔，或用50%杀螟松乳油、50%磷胺乳油20~60倍液在被害处1~2cm范围内涂刷药环。幼虫孵化盛期在树干下部间隔7d喷洒2~3次40%氧化乐果乳油或50%甲胺磷乳油1000~1500倍液，可达到较好的防治效果。

③ 生物防治：保护利用天敌，在天敌羽化期减少农药使用，或用蘸白僵菌、绿僵菌的棉球堵塞虫孔。在成虫羽化期应用信息素诱杀成虫，效果明显。

43. 柳蛎盾蚧

（1）形态特征

雌蚧壳长3.2～4.3mm，微弯曲，前端尖后端渐膨大，呈牡蛎形，暗褐色或黑褐色，边缘灰白色（图14.19）。表面附有一层灰白色粉状物。雌成虫体长1.3～2.0mm，黄白色，长纺锤形，前狭后宽，臀板黄色，触角短，具2根长毛，复眼、足均消失，无翅，口器为丝状口针。1龄若虫扁平，长0.3～0.36mm，宽0.15～0.18mm，触角发达，6节，柄节较粗，末节细长并生长毛，口器发达，具3对胸足，背面附着一层白色丝状物；蜕皮后，触角、足均消失，体表分泌蜡质，并与蜕的皮形成深黄色蚧壳。2龄若虫体纺锤形。

图14.19　柳蛎盾蚧雌蚧壳

（2）发生规律

沈阳1年发生1代，以卵在雌虫介壳下越冬，5月中旬越冬卵开始孵化，6月初为孵化盛期，6月中旬开始进入2龄，全若虫期为30～40d，7月上旬出现成虫，交配后8月初产孵，雌虫平均产卵77～137粒，寄生在枝、干上危害（图14.20）。

图14.20　柳蛎盾蚧危害状

（3）**防治方法**

①园林管理措施：经常修剪，保持枝叶的通风透光，减少虫害发生。

②化学防治：在若虫初孵时向枝叶喷洒10%吡虫啉可湿性粉剂2000倍液或花保乳剂100倍液。在植物冬眠期间可向植株喷洒3～5°Bé石硫合剂。

③生物防治：保护天敌昆虫，如蚜小蜂、跳小蜂、瓢虫、草蛉等。

44. 四点象天牛

（1）**形态特征**

成虫椭圆形，体长8～15mm，宽6～7mm，黑色，被灰色短绒毛，杂有黄色毛斑；前胸背板中区有黑斑4个（前两斑长大，后两斑短小），鞘翅上有许多黄、黑斑，中段中央每翅有不规则大型黑斑1个（图14.21）。卵乳白色，椭圆形，长2～2.5mm。幼虫乳白色，长筒形，稍扁，老熟时体长约25mm，腹部步泡突具一横沟及两横列

图14.21　四点象天牛成虫

光滑的瘤突，第9腹节背中有小型尾刺1根。蛹乳黄色，裸蛹，长10～14mm。

（2）**发生规律**

2年发生1代，以成虫在落叶层下、寄主树干裂缝内越冬，或以幼虫在枝干蛀道内越冬。越冬成虫5月开始活动，取食嫩枝皮，在离地2.5m范围内的干、枝裂缝等处产卵，覆以胶质物，每处产卵1粒，每雌产卵约30粒，幼虫在韧皮部和边材间钻蛀危害，不规则蛀道内充塞虫粪和木屑，10月初在蛀道内越冬，次年继续危害，7～8月在蛀道内化蛹，8月羽化飞出，并越冬。

（3）**防治方法**（同双条杉天牛）

十五、卫矛科卫矛属（胶东卫矛）

胶东卫矛是半常绿灌木。耐阴，喜温暖，耐寒性不强，对土壤要求不严，耐干旱。叶色油绿光亮，入秋后叶绿果红，极具观赏价值（图15.1）。在园林中适于栽植在岩石旁。

常见病害：白粉病，褐斑病

常见虫害：黄杨绢野螟

图15.1　胶东卫矛

45. 白粉病

（1）症状

危害嫩叶、嫩梢，病斑多分布于叶片正面（图15.2）。初期叶面散生白色小斑，后扩大愈合。随后病斑不断扩大，表面生出白粉斑，最后该处长出无数黑点。染病部位变成灰色，连片覆盖其表面，边缘不清晰，呈污白色或淡灰白色（图15.3）。

图15.2　白粉病症状（1）　　　　　图15.3　白粉病症状（2）

（2）发生规律

白粉病一般在温暖、干燥或潮湿的环境易发病，多雨季节不利于病害发生。施氮肥过多，土壤缺少钙或钾肥时易发该病，植株过密，通风透光不良，发病严重。

（3）防治方法

① 园林管理措施：结合修剪剪除病枝、病芽和病叶并销毁。休眠期喷洒2~3°Bé的石硫合剂，消灭病芽中的越冬菌丝。加强栽培管理，改善环境条件、栽培密度，注意通风透光。增施磷、钾肥，氮肥要适量。灌水最好在晴天的上午进行。

② 化学防治：常用的有25%粉锈宁可湿性粉剂1500~2000倍液，或50%苯来特可湿性粉剂1500~2000倍液，或50%多菌灵可湿性粉剂1000倍液。硫黄粉常用于温室的冬季防治。

③ 生物防治：抗霉菌素120对白粉病有良好的防效。

46. 褐斑病

（1）症状

病斑多从叶尖、叶缘开始发生，初期为黄色或淡绿色小点，后扩展成直径2～3mm近圆形褐色斑，病斑中央黄褐色或灰褐色，后期几个病斑可连接成片，病斑上密布黑色绒毛状小点（图15.4）。

图15.4　褐斑病症状

（2）发生规律

以菌丝或子座组织在病叶及其他病残组织中越冬。翌春温湿度适宜时，产生分生孢子，经风雨等传播，侵染健康叶片，潜育期20～30d，于5月中下旬开始发病，6～7月为侵染盛期，8～9月为发病盛期，至11月底以后，病害停止蔓延。多雨大风年份发病早而重，树势衰弱，生长不良，发病叶严重。

（3）防治方法

① 园林管理措施：合理施肥，适当增施磷肥和钾肥，不能过量施入氮肥。在露地栽培中注意排水和防涝。种植密度要适宜，保持良好的通风透光条件，降低叶面湿度，及时清除杂草。

② 物理机械防治：发现病株应及时摘除，并清除病残体集中烧毁。冬季对重病株进行重度修剪，清除发病枝干上的越冬病菌。

③ 化学防治：发病初期可喷施50%炭疽福美与代森锰锌可湿性粉剂1000倍液的等量混合液，75%百菌清与70%甲基托布津可湿性粉剂1000倍液的等量混合液。每隔10d喷1次，连续3～4次。

47. 黄杨绢野螟

（1）形态特征

成虫体长14～23mm，头部暗褐色，全身大部分被有白色鳞片，有紫红色闪光（图15.5）。在前翅前缘宽带中，有1个新月形白斑。卵椭圆形，长0.8～1.2mm，初产时白色至乳白色，孵化前为淡褐色。幼虫初孵时乳白色，化蛹前头部黑褐色，背中线深绿色，两侧有黄绿及青灰色横带，各节有明显的黑色瘤状突起，瘤突上着生刚毛（图15.6）。蛹纺锤形，棕褐色，腹部尾端有臀刺8枚，以丝缀叶成茧，茧长25～27mm。

图15.5 黄杨绢野螟成虫

（2）发生规律

1年发生3代，以低龄幼虫吐丝缀合叶片作茧化蛹越冬。次年4月上旬越冬幼虫开始活动，5月中旬为盛期，5月下旬开始在缀叶中化蛹，蛹期10d左右，卵期约7d，7月下旬至9月中旬为第2代发生危害期，9月中下旬结茧越冬。成虫羽化次日交配，交配后第2天产卵，卵成块状产于寄主植物叶背。每雌成虫产卵103～214粒左右。幼虫1、2龄取食叶肉，3龄后吐丝做巢（图15.7），在其中取食，危害严重，植株变黄枯萎（图15.8）。成虫白天隐藏，傍晚活动，飞翔力弱，趋光性不强。

（3）防治方法

① 物理机械防治：冬季清除枯枝卷叶，将越冬虫茧集中销毁，可有效减少第2年虫源。利用其结巢习性在第1代低龄阶段及时摘除虫巢，化蛹期摘除蛹茧，集中销毁，可大大减轻当年的发生危害。在成虫发生期于黄杨科植物周围的路灯下利用灯光捕杀其成虫，或在黄杨集中的绿色区域设置黑光灯等进行诱杀。

② 化学防治：越冬幼虫出蛰期和第1代幼虫低龄阶段，可施用20%灭扫利乳油2000倍液、2.5%功夫乳油2000倍液、2.5敌杀死乳油2000倍液等有机磷农药。也可施用一些低毒、无污染农药及生物农药，如阿维菌素、Bt乳剂等。

③ 生物防治；保护利用天敌，对寄生性凹眼姬蜂、跳小蜂、白僵菌以及寄生蝇等自然天敌进行保护利用。

图15.6　黄杨绢野螟幼虫

图15.7　黄杨绢野螟危害状（1）

图15.8　黄杨绢野螟危害状（2）

十六、豆科锦鸡儿属（树锦鸡儿、金雀儿）

落叶灌木，喜光，耐寒，耐干旱贫瘠土壤。可作绿篱，也可供观赏及山地水土保持植物（图16.1、图16.2）。

常见病害：根癌病，白粉病（同前）

48. 根癌病

（1）症状

该病主要发生在幼苗和幼树树干基部和根部，有时也发生在根的其他部分。初期在被害处形成灰白色瘤状物，与愈伤组织相似，比愈伤组织发育快。从初期表面光滑、质地柔软的小瘤逐渐增大成不规则状、表面由灰白色变成褐色至暗褐色的大瘤（最大可达30cm）（图16.3）。大瘤表面粗糙且龟裂，质地坚硬，表层细胞枯死，并在瘤的周围或表面产生一些细根。最后大瘤的外皮可脱落，露出许多突起状小木瘤，内部组织紊乱。

图16.1　树锦鸡儿

图16.2　金雀儿

（2）**发生规律**

病菌在病瘤、土壤或土壤中的寄主残体内越冬。存活1年以上，2年内得不到侵染机会即失去生活力。可通过水、地下害虫等自然传播。远距离传播主要是通过带病苗木、插条、接穗或幼树等人为活动进行。

病菌由伤口侵入，在寄主皮层组织内繁殖，产生吲哚类化合物刺激细胞增生形成瘤状物。在微碱性、黏重、排水不良的土壤及埋条繁殖苗木、切接苗木和幼苗上发病重。病害在22℃左右发展较快，侵入2～3个月就能显症。

图16.3　根癌病症状

（3）**防治方法**

①园林管理措施：加强产地检疫，发现带疫苗木应及时销毁。建立无病圃地，使用无病苗木。在苗木生产过程中少造成各种伤口。

②物理机械防治：对植物材料用50℃的温水处理休眠阶段的插条。对土壤进行热处理。对发病重价值低的植株拔除销毁。

③化学防治：初发病的病株，用刀切除病癌，再用石硫合剂或波尔多液涂抹伤口，或用甲冰碘液（甲醇50份、冰醋酸25份、碘片12份）涂瘤，能治好患处。用0.2%硫酸铜、0.2%～0.5%农用链霉素等灌根，每10～15d 1次，连续2～3次。用K84菌悬液浸苗或在发病后浇根，均有一定的防治效果。

十七、葡萄科葡萄属（葡萄）

落叶藤木，喜光，适宜在排水良
好而湿度适中的微酸性至微碱性砂质
壤土生长，耐干旱，怕涝，深根性
（图17.1）。在园林中是很好的棚架植
物，可用作垂直绿化。

常见病害：炭疽病，霜霉病

49. 炭疽病

（1）症状

病菌主要危害叶片，初期为褐色圆
形小斑，后扩展为大斑，中央灰白色，
呈轮纹状，向外扩展，边缘红褐色，病
斑周围有褪色晕圈，病健交界明显，后
期病斑上出现黑色小点（图17.2），即
病原菌的分生孢子盘，天气潮湿时，出
现橘红色胶质物，即病原菌的分生孢
子，后期病斑孔破裂，发病严重时，叶
片焦枯并影响生长。

（2）发生规律

病菌主要在病残体或土壤中越冬，
次年春温度适宜时，产生分生孢子，经

图17.1　葡萄

图17.2　炭疽病症状

风雨和昆虫传播，从伤口或气孔侵入，高温多雨季节发病严重。

（3）防治方法

① 园林管理措施：育苗或栽植时注意更换新土，无条件时可进行土壤消毒，喷洒4～5倍的波美度石硫合剂。排水、通风、透光，适时适量施含氮、磷、钾的复合肥，增强植株抗病能力。

② 物理机械防治：及时清除杂草，烧掉有病叶片，以免病情发展和蔓延。刮除病斑，消灭初侵染来源。

③ 化学防治：发病期可用70%甲基托布津1000倍液，或多菌灵800～1000倍液喷洒，每2周喷施1次，2～3次即可达到理想效果。

50. 霜霉病

（1）症状

此病从幼苗到收获各阶段均可发生，以成株受害较重。主要危害叶片，由基部向上部叶发展。发病初期在叶面形成浅黄色近圆形至多角形坏死病斑，叶背相应部位产生灰白色或其他颜色的霜状霉层，有时可蔓延到叶面（图17.3）。

（2）发生规律

霜霉菌是专性寄生菌。病原菌以卵孢子或菌丝体在病组织中越冬。第2年温

图17.3　霜霉病症状

度适宜时，卵孢子萌发产生孢子囊，再产生游动孢子，随雨水、风传播，经气孔侵入进行初侵染和再侵染。幼株易发病。湿度高利于病害发生。

（3）防治方法

① 园林技术措施：植株栽植不过密，保持良好的通风透光条件。注意除草、排水、降低地面湿度。适当增施磷钾肥，对酸性土壤施用石灰，提高植株

抗病能力。

②　物理机械防治：剪除病梢，收集病叶，集中深埋或烧毁。秋冬季深翻耕，并在植株或附近地面喷1次3～5°Bé的石硫合剂，可大量杀灭越冬菌源，减少来年初侵染源。

③　化学防治：发病时，可喷洒1∶1∶100波尔多液，或65％代森锌可湿性粉剂500～800倍液，或40％乙磷铝200～300倍液等药剂防治。

十八、草坪

常见病害：草坪草褐斑病，腐霉枯萎病，草坪锈病，夏季斑枯病，白粉病
常见虫害：小地老虎，蛴螬，蝼蛄

51. 草坪草褐斑病

（1）症状

病害发生早期往往是单株受害，受害叶片和叶鞘上病斑梭形、长条形，不规则，长1～4cm，初期病斑内部青灰色、水浸状，边缘红褐色，后期病斑变褐色甚至整叶水渍状腐烂。枯草圈就可从几厘米扩展到几十厘米，甚至1～2m。由于枯草圈中心的病株可以恢复，结果使枯草圈呈现"蛙眼"状（图18.1），即中央绿色，边缘为枯黄色环带。

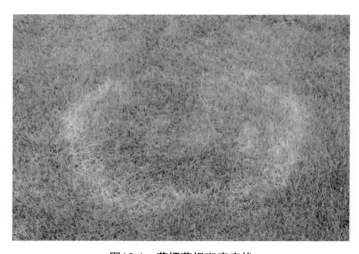

图18.1　草坪草褐斑病症状

（2）发生规律

主要发生季节为5～9月。当土壤温度高于20℃，气温在30℃左右时，病原菌菌核大量萌发，菌丝开始侵染叶片，草坪表现出零星状分布的病斑，病害开始发生。高温高湿是其发病的必要条件。

（3）防治方法

① 园林管理措施：适量灌溉，避免傍晚浇水，在草坪出现枯斑时，应尽量使草坪草叶片上夜间无水。草坪土壤中氮肥含量过高会使褐斑病发生严重。夏季及时地进行草坪修剪，但不要修剪过低。

② 化学防治：用五氯硝基苯、代森锰锌、百菌清、甲基托布津等药剂拌种。发病初期，可以使用代森锰锌、百菌清、甲基托布津等喷雾，也可以灌根防治。

52. 腐霉枯萎病

（1）症状

倒伏，紧贴地面枯死。枯死圈呈圆形或不规则形，直径从10～50cm不等，有人将其称为"马蹄"形枯斑。在病斑的外缘可见白色（有的腐霉菌品种会出现紫灰色）的絮状菌丝体（图18.2）。干燥时菌丝体消失，叶片萎缩变成红棕色，整株枯萎死亡，渐变成稻草色枯死圈（图18.3）。如当年不防治或防治不彻底，则次年枯死圈会继续扩大。

图18.2 腐霉枯萎病症状（1）

图18.3 腐霉枯萎病症状（2）

（2）发生规律

腐霉枯萎病的发生季节集中在6～9月，当气温持续在25℃以上，且水分充足，湿度达90%且持续10h以上时，病害大量发生。

（3）防治方法

① 园林管理措施：在温度适于病害发生的时候注意不能在傍晚或夜间浇水，最好能采用喷灌。土壤施肥尽量均衡，氮肥不要过多。在病害大量发生的时候要适当提高草坪修剪高度。

② 化学防治：可用代森锰锌、杀毒矾600倍液等对种子进行药剂拌种。对已建草坪上发生的腐霉病，防治效果较好的药剂有甲霜灵、乙磷铝、杀毒矾、代森锰锌等，浓度均为500～1000倍，间隔期为7～10d。

53. 草坪锈病

（1）症状

从整体草坪病斑观察：受害严重的草坪草从叶尖到叶鞘逐渐变黄（图18.4），整体从远处看上去，草坪像生锈一样，如此时从草坪中走过，鞋和衣服上沾满橘黄色锈粉。从草坪草病斑观察：发病早期阶段，在叶片表现上可看到一些橘黄色的斑点，在病斑上可清晰观察到含孢子的疱状突出物

图18.4　草坪锈病症状（1）

图18.5　草坪锈病症状（2）

（图18.5）。随着病害的发展，最后叶子表皮破裂，病菌孢子形成很小的橘黄色的夏孢子堆（黄色粉状物），秋末在叶背出现线状的黑褐色冬孢子堆（黑色粉状物）。

（2）发生规律

病原以菌丝体或夏孢子在病株上越冬，5月开始发病，9～10月发病严重，草叶枯黄。病菌生长适温为17～22℃，空气湿度在80%以上有利于病菌侵入。

（3）防治方法

① 园林管理措施：种植抗病草种和品种并进行合理的混合种植。

② 化学防治：用稀释800倍威力克喷洒或25%粉锈宁2000倍液喷洒。

54. 夏季斑枯病

（1）症状

夏季斑枯病是发生在夏季高温时节严重危害草坪草的一种病害。使草坪出现许多秃斑（图18.6），俗称草坪"鬼剃头"。最初为枯黄色圆形小斑块（直径3～8cm），以后逐渐扩大成为圆形或马蹄形枯草圈，直径大多不超过40cm（最大时也可达80cm）。多个病斑愈合成片，形成大面积的不规则形枯草区。

图18.6　夏季斑枯病症状

（2）发生规律

病害发生的最适温度是28℃左右。在炎热多雨的天气，或大量降雨或暴雨之后又遇上高温的天气，病害开始显现，如持续高温（白天高温达28～35℃，夜温超过20℃）时，病害会很快扩展蔓延，草坪出现大小不等的秃斑，严重影响草坪景观。

（3）防治方法

① 园林管理措施：打孔、疏草、通风，改善排水条件，减轻土壤紧实度均有利于控制病害。选用抗病草种（品种）或抗病草种（品种）混合种植。

② 化学防治：建植时要进行药剂拌种、种子包衣或土壤处理。选用0.2%～0.3%（种子量）的代森锰锌、甲基托布津等拌种，或溴甲烷、棉隆等熏蒸剂处理土壤，均有较好效果。成坪草坪在春末或夏初（土温稳定在18～20℃时）的首次施药，选择阿米西达、敌力脱、代森锰锌、甲基托布津等药剂500～1000倍喷雾或灌根。

55. 白粉病

（1）症状

受害叶片上先出现1～2mm近圆形或椭圆形的褪绿斑点，以叶面较多，后逐渐扩大成近圆形、椭圆形的绒絮状霉斑（图18.7）。初白色，后污白色、灰褐色。霉层表面有白色粉状物，后期霉层中出现黄色、橙色或褐色颗粒。随病情发展，叶片变黄，早枯死亡，一般老叶较新叶发病严重。发病严重时，草坪呈灰白色，像撒了一层白粉，受振动会飘散。该病通常春秋季发生严重。

（2）发生规律

病菌主要以菌丝体或闭囊壳在病株体内或病残体中越冬。翌春，越冬菌丝体产生分生孢子，越冬后成熟的闭囊壳释放子囊孢子，通过气流传播，在晚春或初夏对禾草形成初侵染。着落于感病植物上的分生孢子不断引起再侵染。

图18.7　白粉病症状

分生孢子只能存活4～5d，萌发时对温度要求严格，适温为17～20℃，对湿度要求不严格。白粉菌侵入禾草后，寄生在寄主叶片的表皮层细胞，通过吸器从活细胞中吸收所需要的营养。子囊孢子的释放需要高湿条件，通常发生在夏秋季降雨之后白粉病危害加重。

（3）防治方法

① 园林管理措施：种植抗病草种和品种并合理布局，选用抗病草种和品种并混合种植是防治白粉病的重要措施。科学养护管理，控制合理的种植密度。

② 药剂防治：施用25％多菌灵可湿性粉剂500倍液，70％甲基托布津可湿性粉剂1000～1500倍液，50％退菌特可湿性粉剂1000倍液等防治。

56. 小地老虎

（1）形态特征

小地老虎较大，成虫体长16～32mm，深褐色，前翅由内横线、外横线将全翅分为3段，具有显著的肾状斑、环形纹、棒状纹和2个黑色剑状纹。后翅灰色，无斑纹。卵半球形，乳白色变暗灰色。老熟幼虫体长41～50mm，灰黑色，体表布满大小不等的颗粒，臀板黄褐色，具2条深褐色纵带（图18.8）。

图18.8 小地老虎幼虫

（2）发生规律

成虫白天隐蔽，夜间活动，具极强的趋光性和趋化性，嗜好酸甜等物质，迁飞能力强，卵散产在土缝、枯草须根及草坪草幼苗的叶片背面，一头雌蛾产卵千粒左右，卵粒分散或数粒集成一小块，排成一条线，经过5～7d孵化。小地老虎幼虫期为30d左右，幼虫老熟入土化蛹，蛹期（除越冬蛹外）15d左右。

发生最适温度为11～16℃，当温度高于30℃和低于5℃时对其生长不利。幼虫一般6龄。3龄前不入土，昼夜均在叶片上取食或将幼嫩组织吃成缺刻；幼虫3龄以后，昼伏土中，夜出活动，或大块咬食叶片，或咬食幼茎基部，或从根茎处蛀入嫩茎取食；5～6龄时，进入暴食阶段，食量大，危害猖獗。

（3）防治方法

① 园林管理措施：尽量选择直立茎的草种，在管理上尽量增加修剪次数，减少浇水次数，增加透气性，避免形成草甸层。小面积可以人工捕捉幼虫，或在12月底至次年1月初浇1次大水，利用冰冻可以冻死一部分害虫。

② 药剂防治：在成虫羽化期，用黑光灯结合糖醋液（配方为白酒：清水：红糖：米醋=1：2：3：4，调匀后加入1份2.5%敌百虫粉剂）诱杀成虫。幼虫孵化期喷600～800倍杀螟松乳剂；幼虫期喷600～800倍90%的敌百虫，用50%辛硫磷1000倍液、50%甲胺磷800倍液、2.5%溴氰菊酯1000倍液地面喷洒。

57. 蛴螬

（1）形态特征

蛴螬主要取食草坪草的根部，咬断或咬伤草坪草的根或地下茎，并且挖掘形成土丘。蛴螬是金龟子幼虫的统称，体近圆筒形，常弯曲成"C"字形（图18.9），体长35～45mm，全体多皱褶，乳白色，密被棕褐色细毛，尾部颜色较深，头橙黄色或黄褐色，有胸足3对，无腹足。蛴螬主要切断草坪根部，使草坪像"地毯"一样能够掀起，掀起后会发现数十头蛴螬，造成草坪成片枯死。

（2）发生规律

4月中旬，10cm土温达15℃，月平均气温16℃时，蛴螬开始上升危害。10cm土温达13～18℃时活动最盛，23℃以上则往深土中

图18.9 蛴螬

移动，至秋季土温下降到其活动适宜范围时，再移向土壤上层。蛴螬对草坪的危害主要是春秋两季最重。土壤潮湿活动加强，尤其是连续阴雨天气。春秋季在表土层活动，夏季时多在清晨和夜间到表土层。

（3）防治方法

① 园林措施：适地适草，播前深挖晒地，施用充分腐熟的有机肥，根据虫情进行土壤处理等措施。利用幼虫怕水淹的特性，在幼虫发生盛期适时灌足水，使之水淹，可控制危害。加强水肥管理，每次浇水要浇透。在4～5月施10%～18%的氨水作追肥，有很好的防虫效果。

② 物理机械防治：利用成虫的趋光性，在其盛发期用黑光灯或黑绿单管双光灯诱杀成虫；利用成虫的假死性，人工摇树使成虫掉地捕杀之。

③ 化学防治：播种前用50%辛硫磷乳油或40%甲基异柳磷乳油等拌种。虫口密度较大时，撒施5%辛硫磷颗粒剂等，用量为4kg/亩，或地害平2kg/亩，均匀撒施翻入土中，能有效杀死幼虫。取30～100cm长的杨、榆等树枝，插入40%氧化乐果乳油或50%久效磷乳油30～40倍液中，浸泡后捞出阴干，于傍晚放入草坪，毒杀成虫。每亩使用地害平2kg均匀撒施后浇透水，或用3%甲基异柳磷颗粒剂5～7kg混细砂15～25kg撒施后用水淋透；或每亩用50%辛硫磷乳油0.2～0.25kg加细沙15～25kg（用10倍于药液的水稀释后喷洒于细沙并拌匀）撒施后淋透水。

④ 生物防治：利用天敌，如益鸟、土蜂等对蛴螬有良好防治效果；蛴螬乳状菌可感染10多种蛴螬，以菌液灌根，使之感病而亡。

58. 蝼蛄（俗称拉拉蛄、土狗）

（1）形态特征

大型、土栖。体狭长。头小，圆锥形（图18.10）。复眼小而突出，单眼2个。前胸背板椭圆形，背面隆起如盾，两侧向下伸展，几乎把前足基节包起。前足特化为粗短结构，基节特短宽，腿节略弯，片状，胫节很短，三角形，具强端刺，便于开掘。内侧有一裂缝为听器。前翅短，雄虫能鸣，发音镜不完

图18.10　蝼蛄

善，仅以对角线脉和斜脉为界，形成长三角形室；端网区小，雌虫产卵器退化。

（2）发生规律

北方主要以华北蝼蛄危害，华北蝼蛄的生活史较长，2～3年1代，以成虫和若虫在土内筑洞越冬，深达1～16m。每洞1虫，头向下。6～7月是产卵盛期，多产在轻盐碱地区向阳、高、干燥、靠近地埂畦堰处。卵数十粒或更多，成堆产于15～30cm深处的卵室内。卵期10～26d化为若虫，在10～11月以8～9龄若虫期越冬，第2年以12～13龄若虫越冬，第3年以成虫越冬，第4年6月产卵。该虫昼伏夜出，晚上9：00～11：00活动取食最为活跃。趋光性强，但因体粗笨，飞翔力弱，只在闷热且风速小的夜晚才能大量诱到。

（3）防治方法

①物理机械防治：利用蝼蛄对香、甜等物质，马粪等未腐烂有机质有特别的嗜好，可用煮至半熟的谷子、稗子，炒香的豆饼、麦麸及鲜马粪中等加入一定量的敌百虫、甲胺磷等农药制成毒饵进行诱杀。

②化学防治：可喷施西维因、50％甲胺磷800倍液或40％辛硫磷1000倍液。

植物中文名称索引